超圖解

土壤的基礎知識

藤原俊六郎＝著

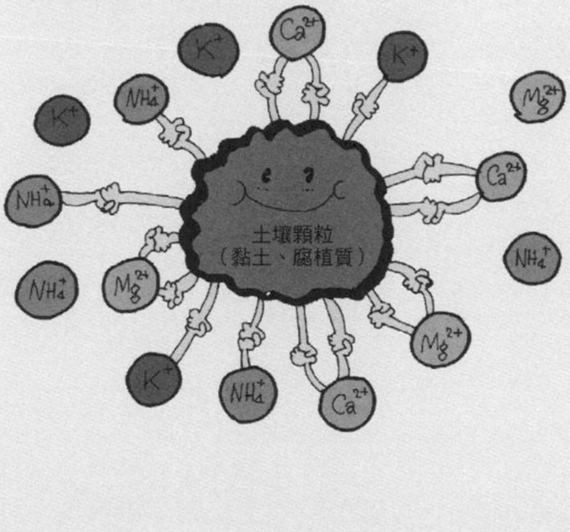
土壤顆粒
（黏土、腐植質）
K^+
Ca^{2+}
NH_4^+
Mg^{2+}

晨星出版

前言

地球是宇宙中極為美麗的星球。海洋中、陸地上，都棲息著各種生物。

這些生物，在由土壤孕育出的植物為起點的食物鏈之中，彼此串聯，最後又回歸土壤，得到淨化。土壤是支持著地球上所有生物的生產者，同時也扮演分解者的角色，讓地球始終維持美麗的樣貌。這份重責大任，竟然僅由淺淺覆蓋在陸地表面一層的土壤所完成，實在令人吃驚。

土壤就在我們身邊，而且非常重要。然而，現在大部分的土壤都被水泥所掩蓋，再加上不須使用土壤的栽培方法日漸普及，因此，一般人似乎對土壤已不太感興趣。就算在農作物的生產現場，大多數農民即使認同「整土是種植作物的基礎」，也只是憑感覺來檢視土壤、栽培作物；即使進行了土壤診斷，也只是看著那一串數據，根本不願意去了解那些數字所代表的意義。此外，在農學院的學生心中，土壤學也是一門既艱澀又落伍的學問。

市面上有許許多多關於土壤肥料的書籍，但以圖解方式說明的卻很少見。就在我苦思著該如何以簡單明瞭的方式讓大家了解土壤學的時候，農文協的編輯正好向我提出了這本書的企劃。一九七四年出版的《圖解土壤的基礎知識》一書，是前田正男老師與松尾嘉郎老師合著的著作，這本書內容豐富、淺顯易懂，出版至今四〇年來，已經多次再版。以全新觀點來改訂這本名著的責任固然重大。然而我認為，更新此書的內容並呈現給更多讀者，是兼具農地現場指導經驗與大學教職經驗的我責無旁貸的工作，因此接下了執筆的任務。

在改訂的時候，我特別注意以下兩點。第一，由於前田老師與松尾老師的著作實在太優異，因此我盡量不改變原本的風格，只是添加一些新的觀點。第二，本書內容雖以基礎為主，但同時也希望能為現場指導者帶來一些幫助。

另外，土與一切生命及地球環境也有著密不可分的關係。因此，在指涉單純無機物的集合體時，我使用「土」這個字來表示；而若是指因生物活動而成熟，對孕育生命有所助益，同時成為生命棲息場所的土，我則使用「土壤」來表示，藉以明確區分兩者。日文中的「土（tsuchi）」是一個聽起來很柔和的詞彙，但由於我使用「土壤」來表示，所以有時候可能會稍嫌難讀。然而我認為，若想了解土壤的重要性，這兩者確實有必要進行區分。

在我撰寫本書期間，發生了東日本大地震（譯註：311大地震）；這場地震帶來了海嘯災害以及輻射污染等有關土壤的新問題。輻射污染是一個無法單靠土壤淨化能力就解決的全新課題，而在本書中也將針對此課題，就目前所了解的範圍進行討論。

本書雖然與前作差距甚大，但基礎架構仍是前田正男老師與松尾嘉郎老師合著的《圖解土壤的基礎知識》，且引用了許多原作的圖表。在此向兩位老師致上最深的感謝。希望本書也能像前田老師與松尾老師的名著一樣，持續受到讀者們的喜愛。

最後，我要感謝協助我完成以圖解說明土壤學這個困難課題的各位農文協編輯，以及繪製清晰易懂插圖的富田一郎先生。

二〇一三年一月

藤原　俊六郎

目次

第3章 土壤的性質與作物 55

第4章 土壤是活的！ 91

第7章 荒廢的土壤 165

第9章 土壤診斷 213

第1章

土與土壤

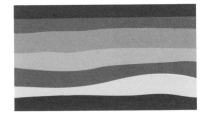

1 土與土壤

(1) 土與土壤的區別

日文中，在指涉覆蓋大地的「土（tsuchi）」時，可使用「土」或「土壤」這兩種詞彙來表示。「土」和「壤」在日文訓讀中都唸作「tsuchi」，表示的意義也類似；日本古時並沒有「土壤」這個詞彙。一般認為「土壤」這個詞彙，是在一八七七年（明治十年）左右，日本將「Soil Science」翻譯成「土壤學」的時候（麻生慶次郎，一九三五）定義的。

現在，一般都會將「土」和「土壤」這兩個詞彙分開使用。換言之，岩石風化後形成的是「土」；但岩石風化變成細小顆粒後，若因為生物作用而呈現適合植物生長的狀態，則稱為「土壤」，與「土」有著明確的區隔。

(2) 何謂土壤

《廣辭苑　第六版》（二〇〇八年）對「土壤」一詞的解釋為：「①覆蓋在陸地表面，若光線、溫度、降水等外在條件充足，則可供植物生長。母材是透過水或風搬運、堆積的岩石風化物，在某段期間內，與氣候、生物（包括人為因素）、地形等因素的交互作用下形成。處於生態系的核心，除了孕育植物等陸地生物之外，更能分解落葉及動物的遺體，維持元素正常的生物地質化學循環（譯註：Biogeochemical cycle）。與大氣、水並列為構成環境的要素之一。②比喻事物產生的環境、條件」，明確指出植物等生物的生長必須仰賴土壤。

2 土的生成

(1) 地球誕生於四十六億年前

有關太陽系的誕生，目前仍有許多未解之謎。為了解開太陽系行星誕生之謎，而飛向宇宙的探測衛星「隼（HAYABUSA）」，在二〇一〇年帶著小行星「糸川（ITOKAWA）」的粒子返回地球，造成轟動。

科學家透過放射性元素測定隕石的年代，又分析阿波羅計畫所帶回來的月球岩石，推測我們所居住的地球，誕生至今大概經過了46億年。一般認為，地球剛誕生的時候，地球表面和月球表面並沒有太大差異，如今卻變得截然不同。這樣的差異，起因於月球上沒有空氣和水，因此沒有生物誕生；而地球上卻誕生了豐富多樣的生物。

(2) 月球上沒有土壤——為什麼土壤只在地球上生成呢？

由於月球表面沒有空氣（真空），因此受到太陽的影響非常大，強烈的紫外線和溫差（130℃～零下170℃左右）使得岩石風化成微粒子（粉末）。這樣的微粒子稱為粉塵，並不能算是土壤（圖1－1）。

相對地，在大氣層保護下的地球，溫差很小（40℃～零下40℃左右），再加上地球有水，微生物可棲息在風化後的岩石微粒子中，分解、縮合、聚合有機物，形成腐植質，進而形成適合生物生長的環境（土壤）。

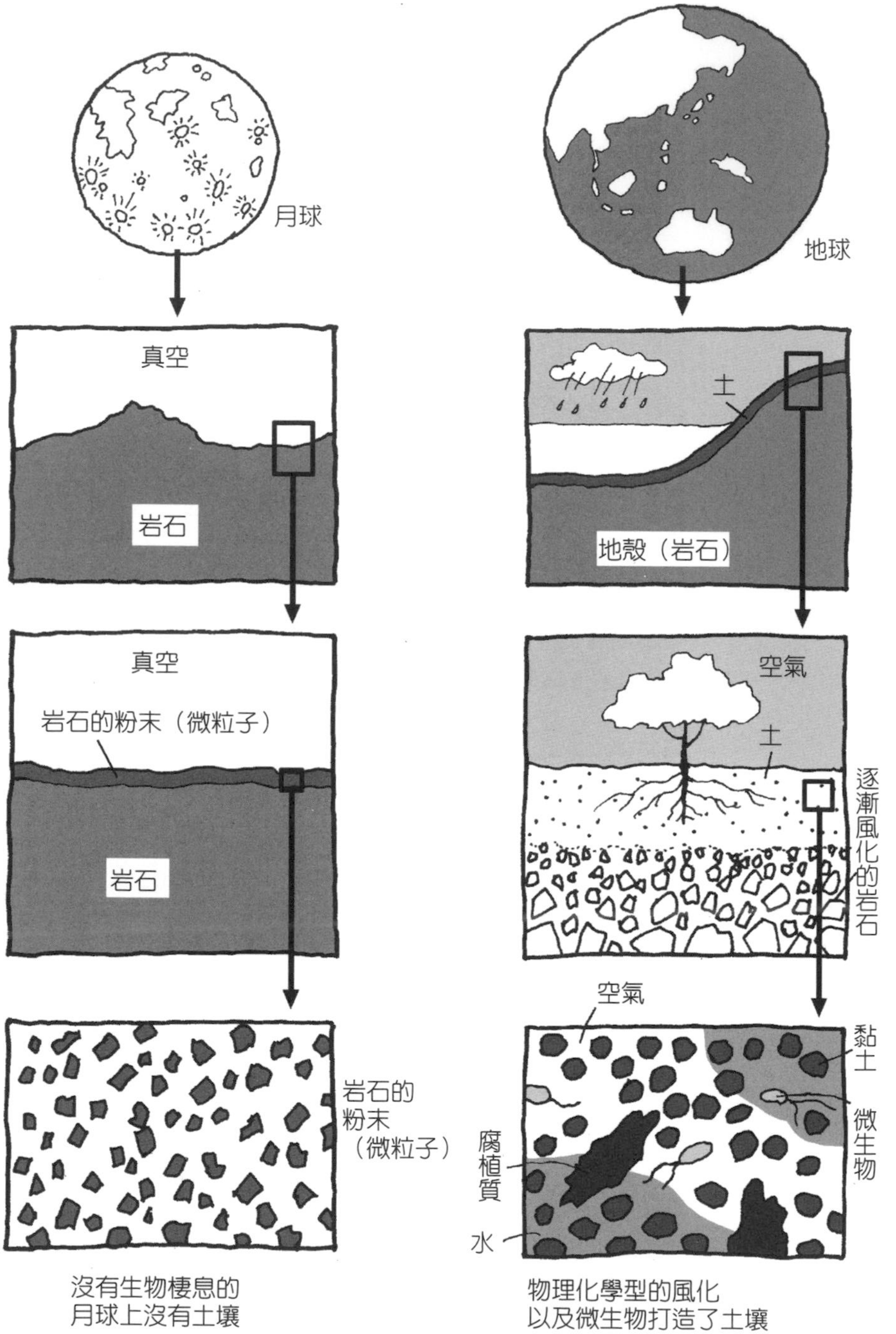
月球
真空
岩石
真空
岩石的粉末（微粒子）
岩石
岩石的粉末（微粒子）
沒有生物棲息的
月球上沒有土壤
地球
土
地殼（岩石）
空氣
土
逐漸風化的岩石
空氣
黏土
微生物
腐植質
水
物理化學型的風化
以及微生物打造了土壤

圖1-1　土與土壤的區別

(3) 土不斷地反覆生成與消失

二〇一一年三月十一日下午，東日本大地震（芮氏規模九．〇）發生後，據說位於震央正上方的宮城縣外海基準點，比地震前約往東南東方移動了24ｍ，隆起約3ｍ。包覆著地球的地殼，就是在這種急速移動，以及平常緩慢的移動下，長期不斷反覆地隆起與沉降。地殼每移動一次，都會有新的土生成或消失。圖1－2表示的就是土生成與消失的模式。

地殼中的岩漿在地表冷卻後，便形成岩石，另外有一部份，則由於火山活動而變成火山灰堆積。此外，因為火山爆發或地殼變動而隆起成為高山的岩石，會因為受到雨水等外力影響，不斷崩落，最後形成土。土在風的吹拂、雨的沖刷下，蓄積在低地，成為孕育植物等生物的土壤。而土壤繼續流失，堆積在海底後，便再次形成岩石（堆積岩）。如上所述，土正是以數百萬年至數億年為週期，時而浮現在地表，時而成為地殼，不斷反覆變化。

(4) 生物打造土壤

所謂的沖積土和洪積土，是以形成的時代來區分。在新生代第四紀完新世（一萬年前以內，亦稱為沖積世）堆積的沖積土，或是在更新世（一萬～一百八十萬年前，亦稱為洪積世）堆積的洪積土，皆是在河川或冰河的搬運下堆積而成；而這些土和岩石崩壞所形成的土一樣，必須靠著微生物或植物的幫助，才能成為土壤。

火山灰也是 樣。土雖然是在地球劇烈變化的一環之中誕生，但土壤卻必須在生物的作用下才會產生。

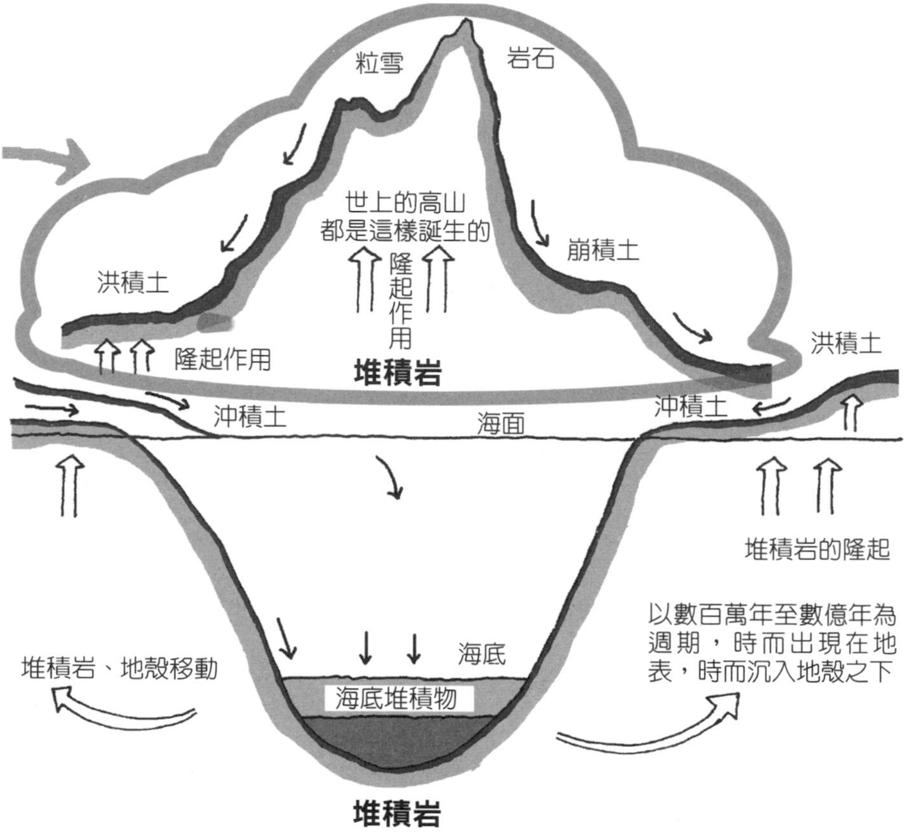
粒雪
岩石
世上的高山
都是這樣誕生的
隆起作用
崩積土
洪積土
隆起作用
堆積岩
洪積土
沖積土
沖積土
海面
堆積岩的隆起
以數百萬年至數億年為
週期，時而出現在地
表，時而沉入地殼之下
堆積岩、地殼移動
海底
海底堆積物
堆積岩

地表、海底以及地殼中的箭頭，表示土壤原料的運動方向
沖積土指由1萬年前的堆積物所形成的土壤
洪積土指由1萬年前至180萬年前的堆積物所形成的土壤

圖1-2　土的誕生與消失

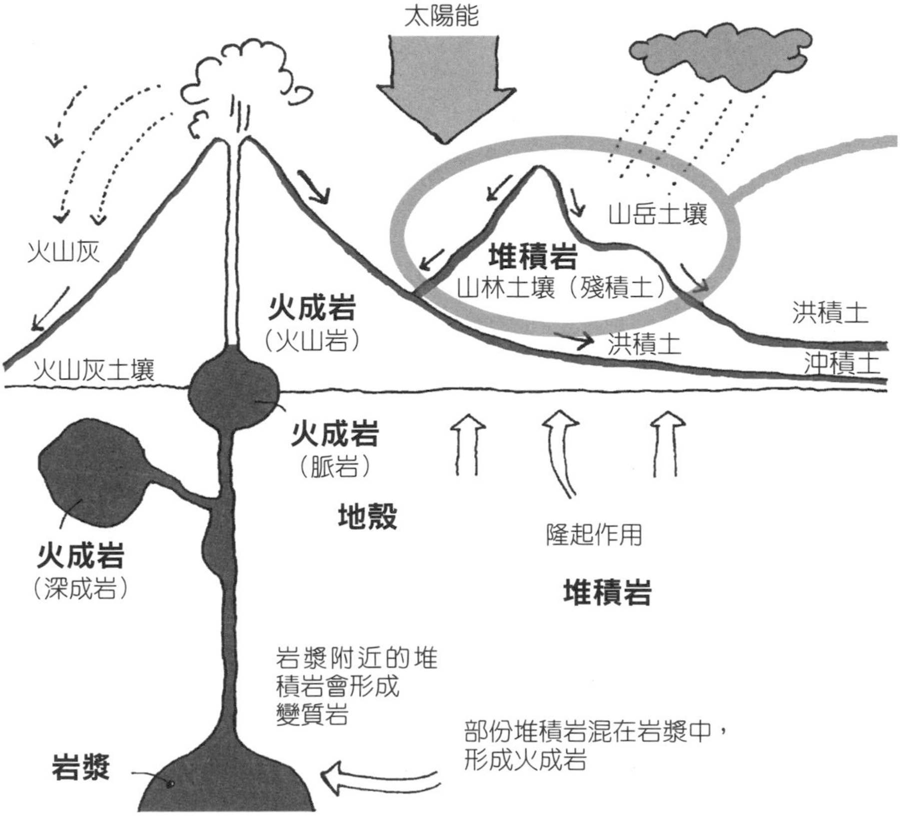
太陽能
火山灰
山岳土壤
堆積岩
山林土壤（殘積土）
火成岩
（火山岩）
洪積土
洪積土
火山灰土壤
沖積土
火成岩
（脈岩）
地殼
隆起作用
火成岩
（深成岩）
堆積岩
岩漿附近的堆
積岩會形成
變質岩
部份堆積岩混在岩漿中，
形成火成岩
岩漿

地表的黑色部份為土壤，這些土壤雖然會不斷地遭到沖刷，流向海中，但同時岩石也會從下方隆起上升，因此陸地面積並不會有太大的變化。

圖1-2　土的誕生與消失

3 從土到土壤

(1) 地球上第一種生物出現於四〇億年前

由土變化為土壤的過程中，生物的活動是不可或缺的因素。根據推測，地球上首度出現生物，大約是在40億年前；而地球上第一次出現土壤，應該也是在這個時候。土壤和生物一同出現在陸地之後，從此關係便密不可分，直到今日。

(2) 從岩石到土

岩石變成土，除了崩壞等物理性原因之外，生物也擁有讓岩石變成土的力量。一般認為，能使岩石變成土的生物，就是只需要岩石上少許養分就能生長的苔類（地衣類）。我們經常可在山上或古老的寺院裡看見長有青苔的岩石，而青苔的下方，其實已經出現了薄薄一層、微量的土，且是含有黏土、微生物和有機物的土（圖1─3）。

(3) 從土到土壤的變化

當岩石表面的凹陷或龜裂處積了水，產生擁有適度水分的環境，那麼能利用陽光的青苔就會開始入侵。當青苔逐漸增殖，被青苔覆蓋的岩石表面也就隨之慢慢變成土。這時，便有各種能利用無機物或有機物的微生物，在土裡增殖。在這些微生物作用下，土的性質便會漸漸變化為適合植物生長的環境，也就是「土壤」。

(4) 成為沃土

當新生成的土壤上出現了草類後，土壤就會因為草類的根以及微生物作用而慢慢增加，成為適合灌木類生長的環境，接著便會出現高大的樹木類，植物群落就這樣逐漸產生變化。

在地面上的植物群落變化，對地面下的環境也有很大的影響。各種植物的根部往下伸展，分泌出能夠溶解岩石的有機酸；枯萎後，除了能成為微生物的能量（食物）來源，同時也能製造出細微的孔隙。植物根部的作用促進了岩石的分解與微生物的活性化，使得腐植質堆積，繼續產生新的土壤，連更深的岩石層都逐漸變成土壤層（圖1—4）。

(5) 從土壤到土——土壤的消失

大型植物開始生長後，落葉等有機物帶給地表更多的供給，大量蓄積腐植質，使得土壤更加肥沃。

再經過一段時間，土壤中的養分開始出現淋溶作用；養分流失後，土壤就會漸漸變成不適合植物生長的環境，也就是「土」。如上所述，在數百年至數萬年的時間裡，土壤不斷反覆誕生又消失，消失再重生。

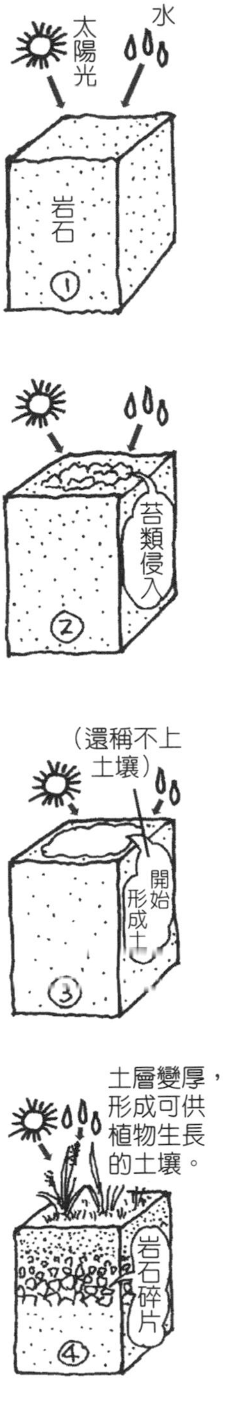
太陽光
水
岩石
①
苔類侵入
②
（還稱不上土壤）
開始形成土
③
土層變厚，形成可供植物生長的土壤。
岩石碎片
④

圖1-3　從岩石誕生的土壤

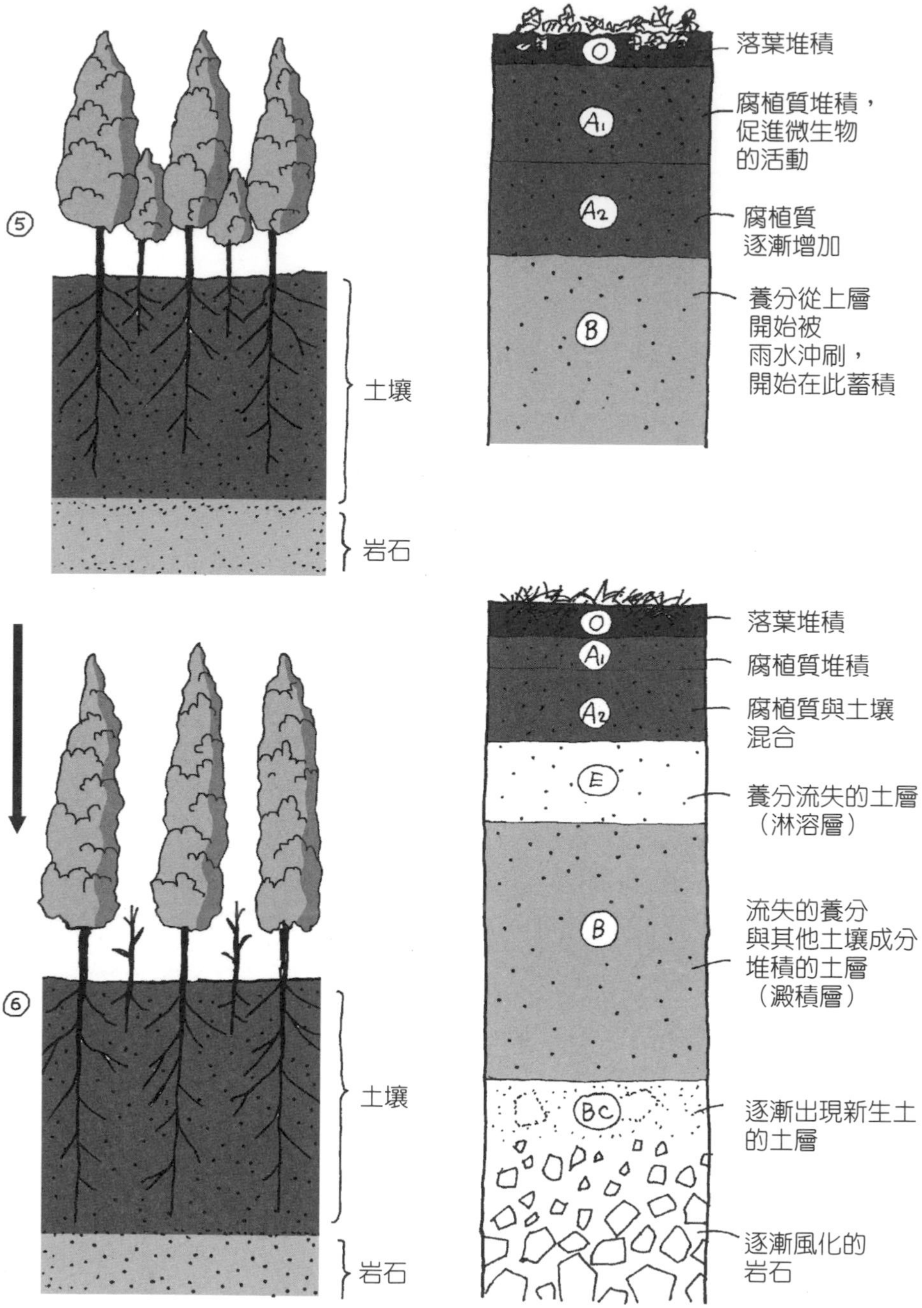
⑤
土壤
岩石
O
A1
A2
B
落葉堆積
腐植質堆積，
促進微生物
的活動
腐植質
逐漸增加
養分從上層
開始被
雨水沖刷，
開始在此蓄積
⑥
土壤
岩石
O
A1
A2
E
B
BC
落葉堆積
腐植質堆積
腐植質與土壤
混合
養分流失的土層
（淋溶層）
流失的養分
與其他土壤成分
堆積的土層
（澱積層）
逐漸出現新生土
的土層
逐漸風化的
岩石

圖1-4　與植生一同形成的土壤

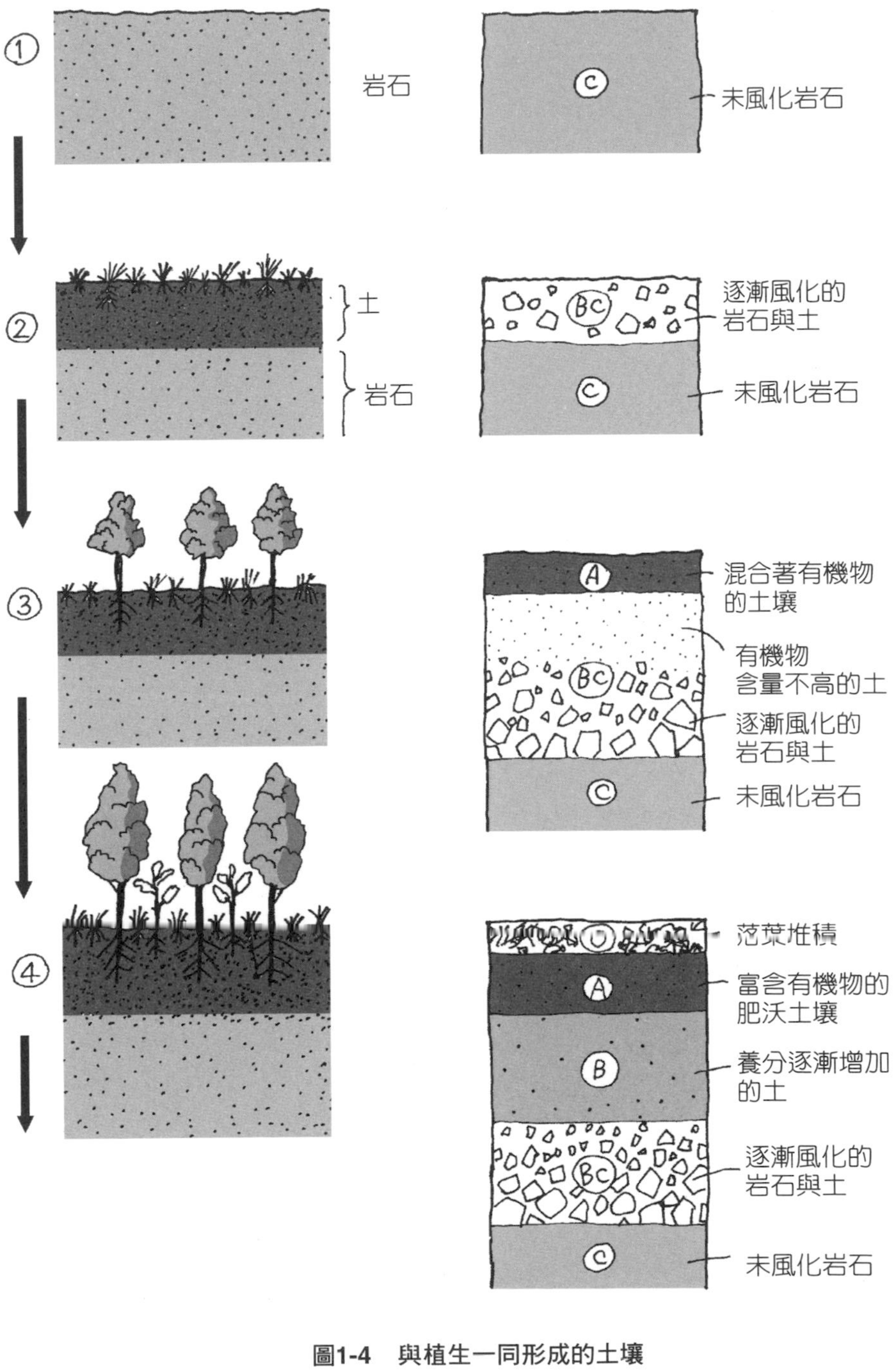
①
岩石
C
未風化岩石
②
土
岩石
Bc
逐漸風化的
岩石與土
C
未風化岩石
③
A
混合著有機物
的土壤
有機物
含量不高的土
Bc
逐漸風化的
岩石與土
C
未風化岩石
④
落葉堆積
A
富含有機物的
肥沃土壤
B
養分逐漸增加
的土
Bc
逐漸風化的
岩石與土
C
未風化岩石

圖1-4　與植生一同形成的土壤

4 土壤的種類

土壤的性質會隨著生成要素與地形而異。人們將性質類似的土壤加以劃分，製作成地圖，對適地適作的農業生產與土地利用計畫大有助益。一般而言，土壤會根據母材、堆積型態與性狀來劃分。

日本的農林省在一九五三年將「施肥改善方式土壤分類」用於施肥改善計畫，一九五七年又提出了「農耕地土壤分類第二次案」，並以該案為基礎，製作了日本全國的詳細土壤圖（圖1－5）。一九九四年，農業環境技術研究所公布了第三次案，其後還出現了林野土壤分類、用於國土調查的土地分類等各種分類方式。

世界的土壤分類始於俄羅斯，以往大多使用美國在一九七五年提出的「土壤分類（Soil Taxonomy）」，到了一九九八年，國際土壤學會與FAO/Unesco整理出新的世界土壤圖例「World Reference Base for Soil Resources（WRB）」，才統一了土壤分類方法。

表1－1將根據一般常用的「農耕地土壤分類第二次案改訂版」中的分類，介紹十七種土壤類型。

這些土壤的區分，與地形有著很大的關係（圖1－6）。

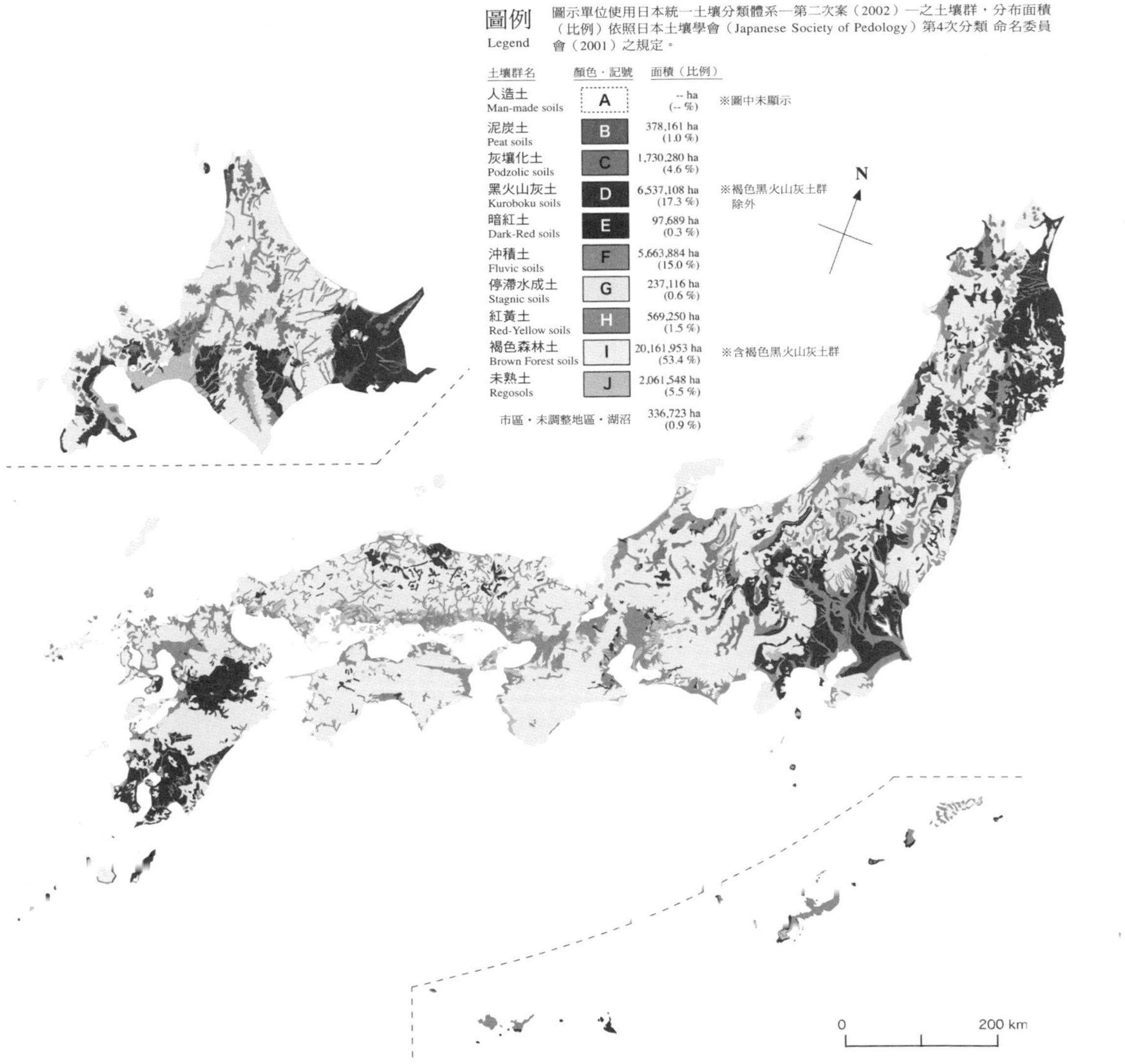
圖例
Legend
圖示單位使用日本統一土壤分類體系—第二次案（2002）—之土壤群，分布面積（比例）依照日本土壤學會（Japanese Society of Pedology）第4次分類 命名委員會（2001）之規定。
土壤群名
顏色・記號
面積（比例）
人造土 Man-made soils
A
-- ha (-- %)
※圖中未顯示
泥炭土 Peat soils
B
378,161 ha (1.0 %)
灰壤化土 Podzolic soils
C
1,730,280 ha (4.6 %)
黑火山灰土 Kuroboku soils
D
6,537,108 ha (17.3 %)
※褐色黑火山灰土群除外
暗紅土 Dark-Red soils
E
97,689 ha (0.3 %)
沖積土 Fluvic soils
F
5,663,884 ha (15.0 %)
停滯水成土 Stagnic soils
G
237,116 ha (0.6 %)
紅黃土 Red-Yellow soils
H
569,250 ha (1.5 %)
褐色森林土 Brown Forest soils
I
20,161,953 ha (53.4 %)
※含褐色黑火山灰土群
未熟土 Regosols
J
2,061,548 ha (5.5 %)
市區・未調整地區・湖沼
336,723 ha (0.9 %)
N
0
200 km

圖1-5　日本全國土壤圖

（東北大學網頁，1/100萬日本土壤圖，1990）

表1-1　根據農耕地土壤分類第二次案區分之17種土壤類型

土壤群	特徵
岩屑土	分布於山地、丘陵地等傾斜面，土層淺，僅在地表30cm以內，屬於礫層。多分布於中國地區（譯註：指日本本州島西部的鳥取縣、島根縣、岡山縣、廣島縣、山口縣等地區）、四國地區，常作為果園使用。
沙丘未熟土	由風搬運的砂石所構成的土，顆粒較粗。分布於日本海沿岸、靜岡、高知、南九州等海岸沿岸。在有灌溉水源的地方，常作為水田使用。
黑火山灰土	以火山灰為母材，表層有大量黑色腐植。具有良好的物理性，容易固定磷酸。分布於北海道、東北、關東、九州地區。常作為旱田、果園使用。
多濕黑火山灰土	受到地下水或灌溉水的影響，使得下層出現鐵或錳斑紋的黑火山灰土。排水稍嫌不良。主要作為水田使用。
黑火山灰潛育土	位於地下水位較高、排水不良地區的黑火山灰土，下層為潛育土。多分布於關東地區以北，作為水田使用。
褐色森林土	分布於丘陵及山麓傾斜面等排水良好處。在林地擁有較多腐植質，表層呈現暗色，在旱田地則腐植質較少。
灰色台地土	分布於台地上，呈現灰褐色，下層有鐵、錳的斑紋與堅硬的岩層。分布於日本全國，主要作為旱田使用。
潛育台地土	位在台地及部份山地、丘陵地，黏性強，排水不良，具有潛育土層。分布面積小，作為水田或旱田使用。
紅土	分布於排水良好的台地與丘陵地帶。缺乏腐植質，下層的土呈現紅色或紅褐色。土質細密，透水性極差。作為旱田、果園使用。
黃土	腐植質含量低，底土色呈現亮黃色或黃褐色。透水性、透氣性皆不佳。紅土多分布在年代較古老的河階，黃土多分布於較新的河階。
暗紅土	以石灰岩或鹽基性岩為母材，下層呈暗紅色。黏性強，難整地，可耕土大多很淺。主要作為旱田使用。
褐色低地土	分布於沖積地中具有自然堤防或扇狀地形等排水良好的地區。
灰色低地土	廣泛分布於沖積地的灰色土，表層的腐植質含量少，腐植層較薄。主要使用於水田，地力高。
潛育土	堆積在沖積地的凹地處，具有因為排水不良，蓄積過多水分使得氧氣不足而呈現還原狀態的潛育層。主要作為水田使用。
腐泥土	土壤中混雜著被泥炭分解至幾乎無法辨識的植物組織。
泥炭土	呈黃褐色或紅褐色，植物組織可用肉眼辨識
人造台地土 人造低地土	經過打造人工農地、圃場整備（譯註：將農地、農路、灌溉水路、排水路等一併加以規劃建設）、深耕、上下翻土（譯註：比深耕翻出更下層的土，與表層的土交換）等大規模土層移動、攪亂後的土壤。

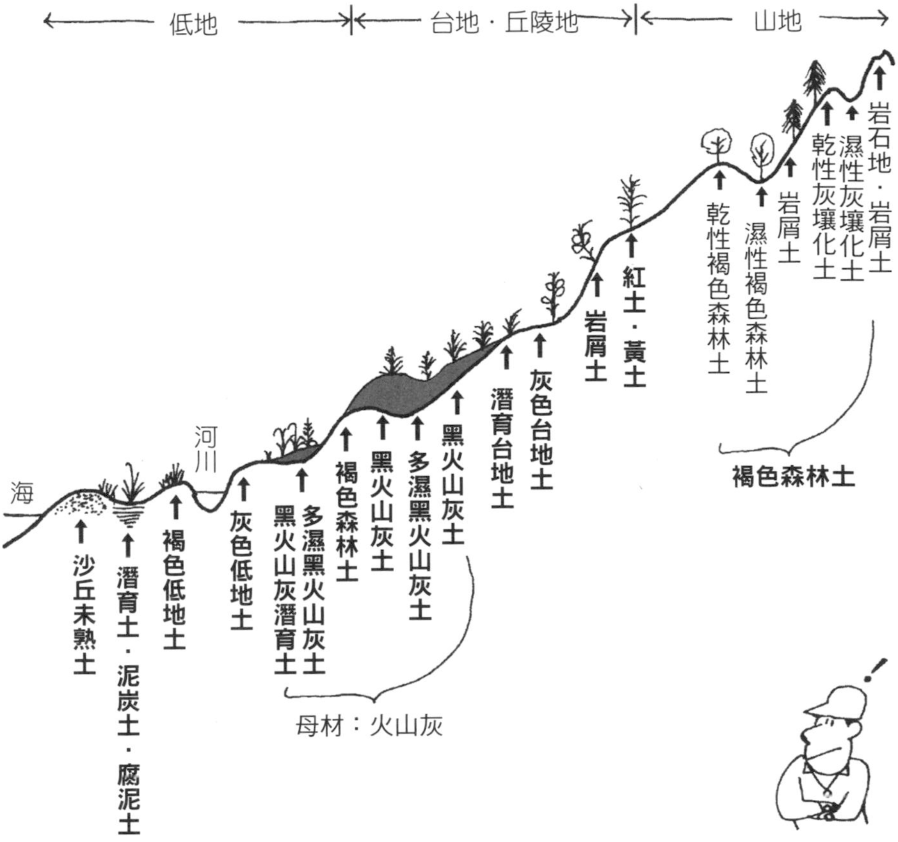
低地
台地・丘陵地
山地
海
河川
沙丘未熟土
潛育土・泥炭土・腐泥土
褐色低地土
灰色低地土
黑火山灰潛育土
多濕黑火山灰土
褐色森林土
黑火山灰土
多濕黑火山灰土
黑火山灰土
母材：火山灰
潛育台地土
灰色台地土
岩屑土
紅土・黃土
乾性褐色森林土
濕性褐色森林土
岩屑土
乾性灰壤化土
濕性灰壤化土
岩石地・岩屑土
褐色森林土

圖1-6　地形與土壤分類的關係

5 土壤的老化

土進化為土壤後，會受到環境影響而不斷變化。假如用人類的一生來比喻土壤的變化，那麼就會如圖1－7所示。

(1) 山野間自然土壤的老化

圖1－7是山野間自然土壤的變化。母材（C層）因為風化與生物活動的關係，逐漸形成（五百年）了土壤（A層）。假如把這段期間當作少年期，那麼經過一千年後，土壤因為植生的變化而更加發達，於是中間層（B層）便在土壤與母材之間誕生了。在這段期間，腐植質在表層蓄積，肥沃度也隨之提昇，因此植物生長茂盛，形成闊葉林。這就相當於土壤的青年期。

隨著時間流逝，林相漸漸變成了針葉樹。土壤的各層繼續分化，上層的礦物質出現淋溶現象，鐵和鋁開始堆積在下層，這時土壤的肥沃度便會逐漸下降，開始老化。據說這段過程需要花上四百年的時間。

土壤的老化現象，在地力消耗迅速的農耕地上更是顯著。在露天旱田和果園，由於雨水中夾帶著空氣裡的碳酸，因此土壤中的鈣和鎂大量流失；再加上使用化學肥料，使得土壤變成酸性，土地逐漸荒廢（老化）。

特別是在火山灰土壤地帶，土壤一旦酸化，就會使鋁更加活化，不但對作物的根部成長帶來負面影響，磷酸也會固定，而無法被作物吸收，造成土壤容易老化。

（2）水田土壤的老化

圖1－8顯示的是水田的變化。表土所含的鐵和錳，雖會因為湛水條件變成可溶性，但土壤裡的硫一旦過多，便會形成硫化氫，讓鐵和錳流至下層。這時，鈣、鎂、磷酸等也都會一併被帶到下層，因此表土的肥沃度會逐漸降低，開始老化。土壤一旦開始老化，根部的肥料成分就會消失；而一旦缺鐵，產生硫化氫的問題就會愈來愈嚴重，對根部造成危害，所以稻米便會發育不良。

（3）旱田土壤的老化

旱田的老化是因為連作而造成的（圖1－9）。日本的降雨量多，因此未耕地大多都是酸性；而火山灰旱田則大多磷酸不足。因此，在耕種前必須使用品質良好的有機物，同時必須矯正酸性，補充磷酸。

經過幾年後，土壤養分變得充足，作物的根也可以伸展到地下深處，作物的產量便隨之提高。然而隨著時間的經過，在農業機械的加壓下，使得表土下方出現犁底層，表土開始蓄積養分。在此同時，因為連作而出現的病蟲害等連作障礙，也漸漸開始出現。

再經過一段時間，犁底層逐漸發達，作物的根便無法繼續生長。表土開始蓄積鹽類，鹽基平衡遭到破壞，作物因為健康狀況不佳而歉收。養分繼續累積在下層的土中，透過淋溶作用漸漸流入地下水中，造成污染。旱田的土壤就這樣逐漸老化。

在設施裡，土壤的老化更加劇烈。

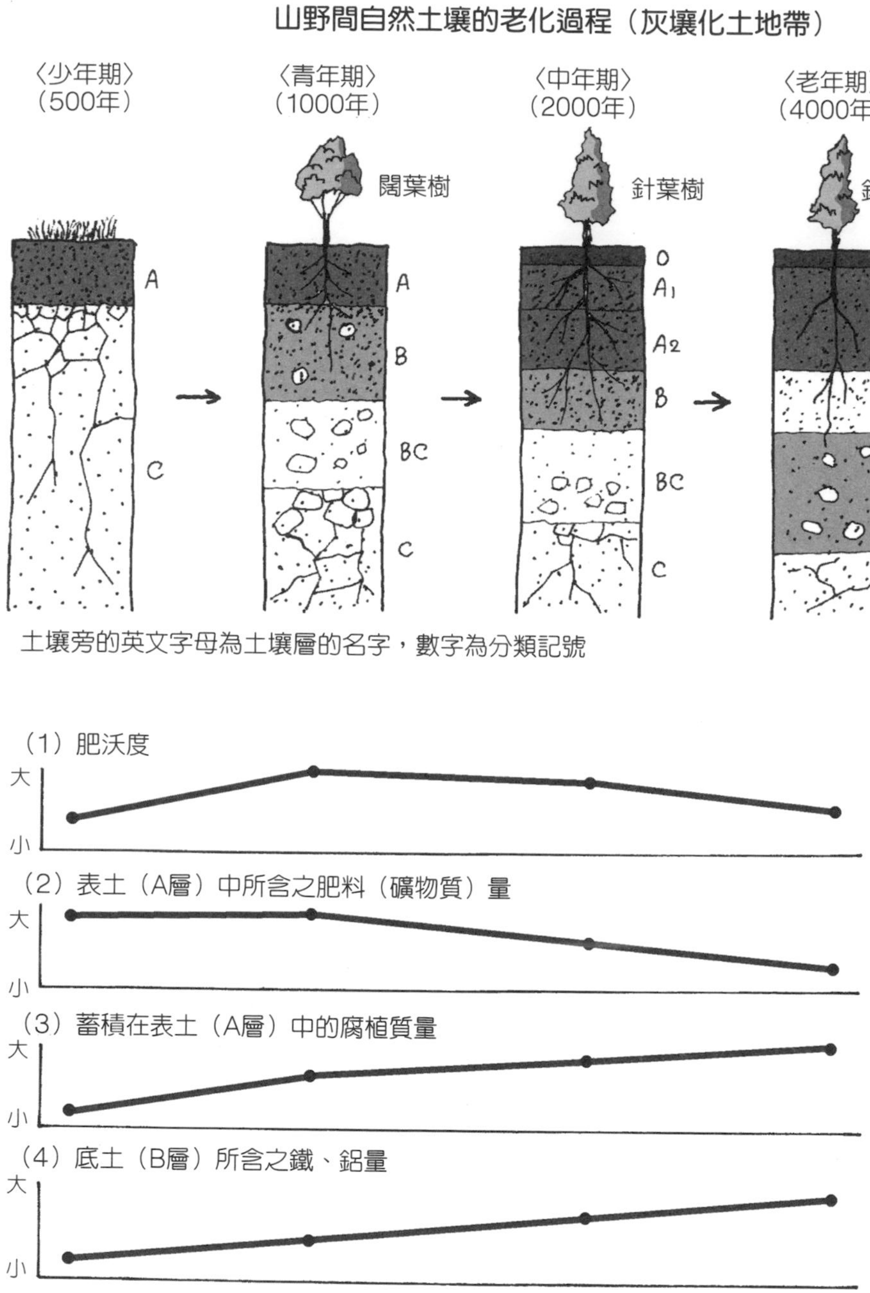
山野間自然土壤的老化過程（灰壤化土地帶）
〈少年期〉（500年）
〈青年期〉（1000年）
〈中年期〉（2000年）
〈老年期〉（4000年）
闊葉樹
針葉樹
針葉樹
A
C
A
B
BC
C
O
A1
A2
B
BC
C
O
A
E
B
C
土壤旁的英文字母為土壤層的名字，數字為分類記號
（1）肥沃度
大
小
（2）表土（A層）中所含之肥料（礦物質）量
大
小
（3）蓄積在表土（A層）中的腐植質量
大
小
（4）底土（B層）所含之鐵、鋁量
大
小

圖1-7　土壤的老化（林地土壤）

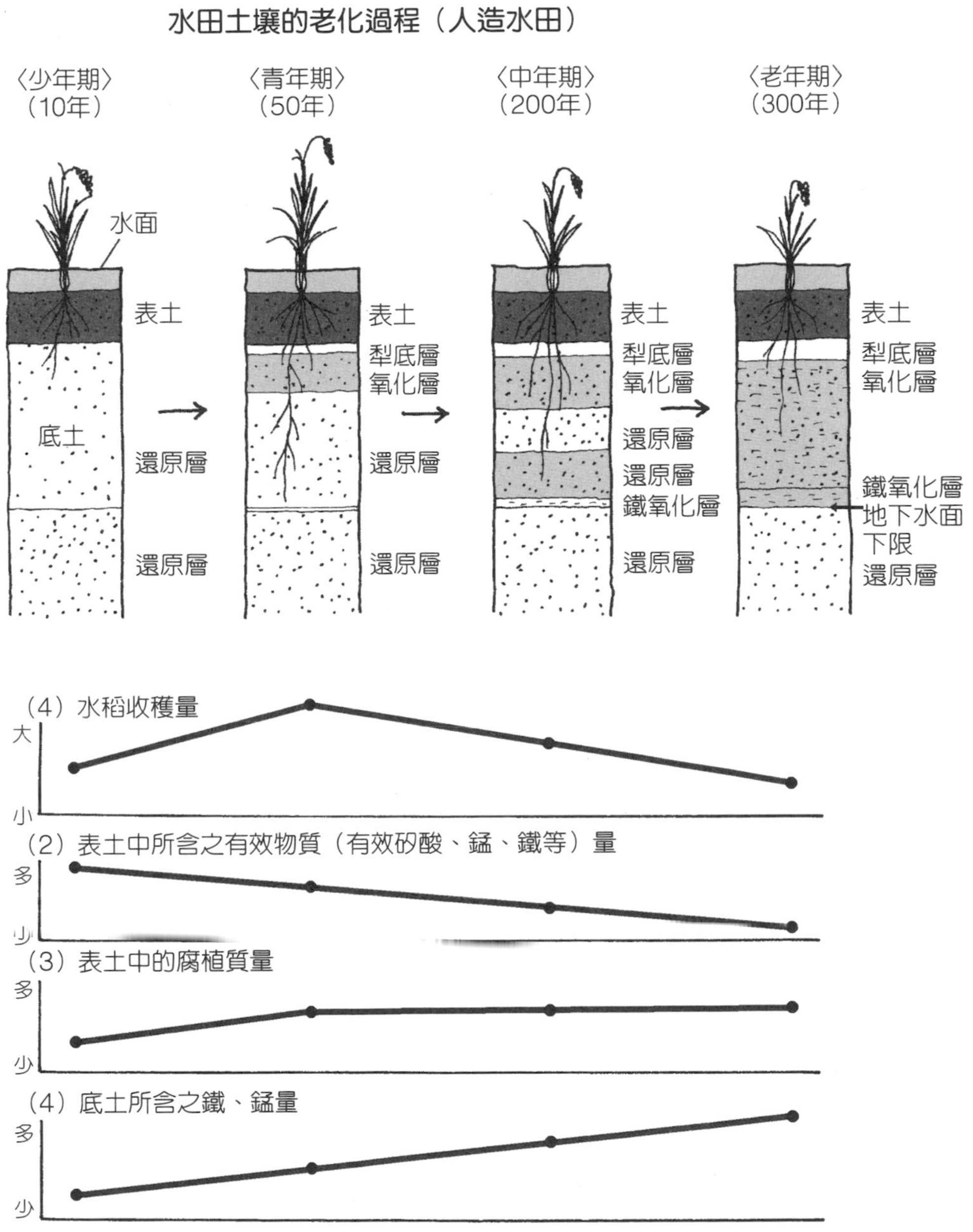
水田土壤的老化過程（人造水田）
〈少年期〉
（10年）
〈青年期〉
（50年）
〈中年期〉
（200年）
〈老年期〉
（300年）
水面
表土
底土
還原層
還原層
表土
犁底層
氧化層
還原層
還原層
表土
犁底層
氧化層
還原層
還原層
鐵氧化層
還原層
表土
犁底層
氧化層
鐵氧化層
地下水面
下限
還原層
（4）水稻收穫量
大
小
（2）表土中所含之有效物質（有效矽酸、錳、鐵等）量
多
少
（3）表土中的腐植質量
多
少
（4）底土所含之鐵、錳量
多
少

圖1-8　土壤的老化（水田土壤）

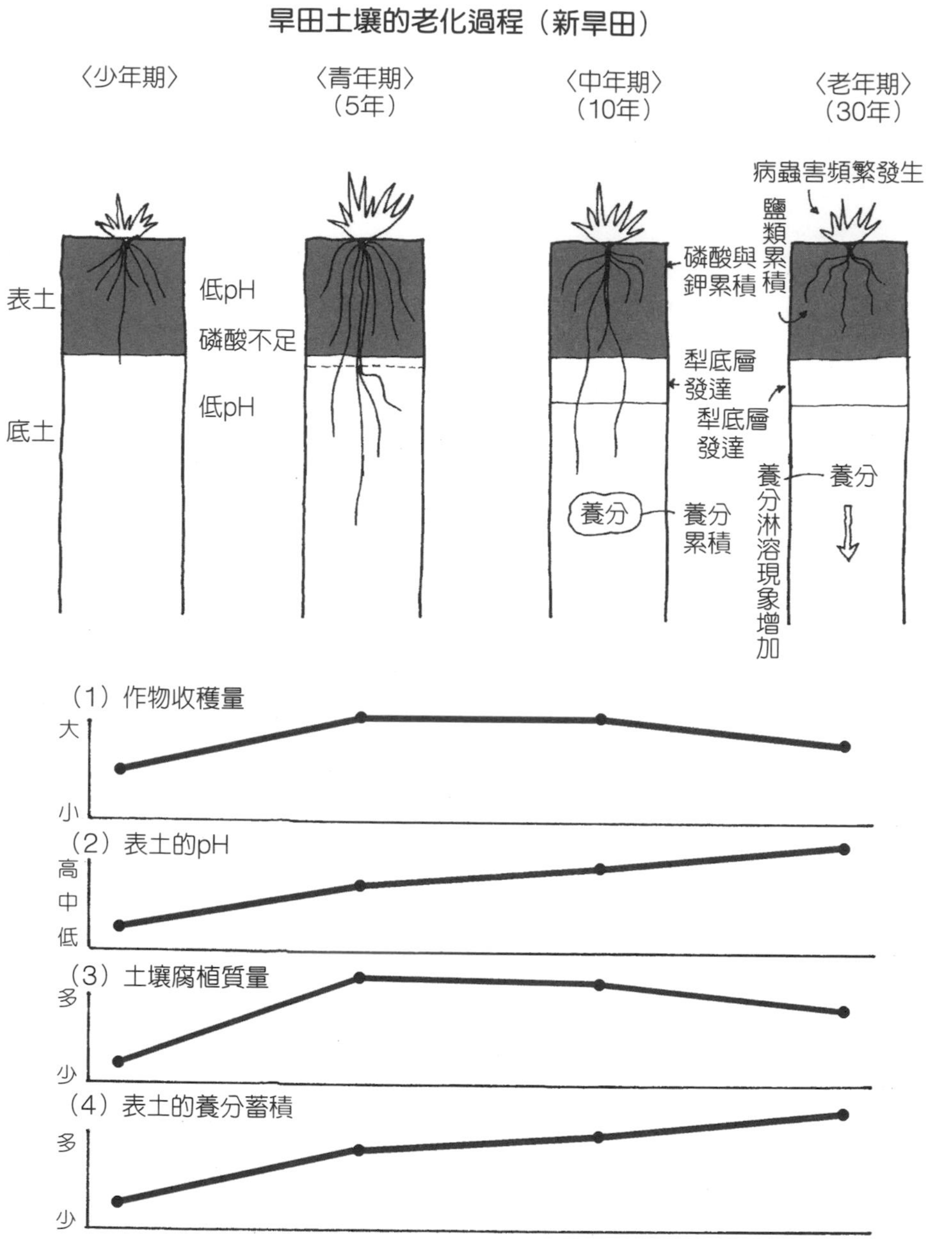
旱田土壤的老化過程（新旱田）
〈少年期〉
〈青年期〉
（5年）
〈中年期〉
（10年）
〈老年期〉
（30年）
表土
底土
低pH
磷酸不足
低pH
磷酸與
鉀累積
犁底層
發達
養分
養分
累積
病蟲害頻繁發生
鹽類累積
犁底層
發達
養分淋溶現象增加
養分
（1）作物收穫量
大
小
（2）表土的pH
高
中
低
（3）土壤腐植質量
多
少
（4）表土的養分蓄積
多
少

圖1-9　土壤的老化（旱田土壤）

第2章

土壤與物質循環

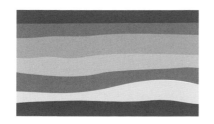

1 土壤是物質循環的核心

(1) 生命之源與太陽能

地球的表面覆蓋著岩石風化後成熟的土壤（土壤圈），而包括我們人類在內的各種動物、植物、微生物等生物（生命），皆生活在此（生命圈）。這些生物都是由有機物組成的，而每一種生物都利用著大氣、水和太陽能。

能夠直接將太陽能用在有機物生產上的，只有擁有葉綠素的綠色植物和部份微生物。不具葉綠素的其他生物，必須直接食用由植物製造的太陽能產物，也就是醣類、碳水化合物、蛋白質和油脂等，或者是食用攝取上述食物的動物，才能生活下去。

(2) 以土壤為基礎的生態系循環

覆蓋於大地之上的植物，能從土壤和水中吸收養分，並利用太陽能生產有機物（光合作用），逐漸成長。植物的落葉和遺體，則會被土壤圈所分解。

動物攝取植物作為營養源，藉此成長，而動物的排泄物和遺體，也會被土壤圈分解，成為植物的養分來源。這就是所謂的「土壤淨化功能」。

在土壤圈裡，有許多小動物與微生物都是有機物的「分解者」，各自擁有不同的任務；土壤除了提供場地給這些分解者之外，同時也扮演著倉庫的角色，儲藏土壤生物製造出的植物所需元素（肥料）。

從以前到現在，從現在到未來，陸地上的生

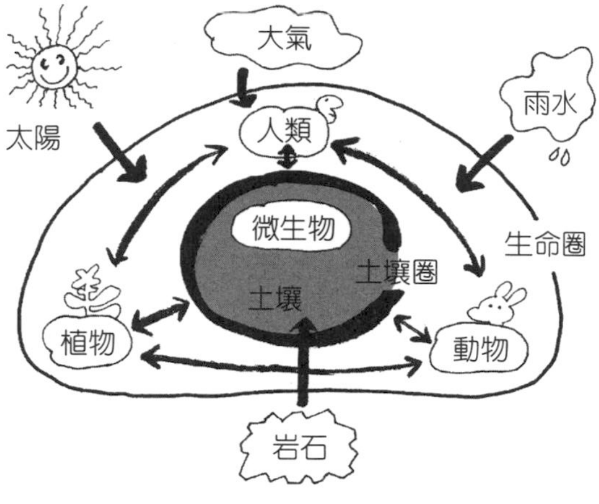
大氣
雨水
太陽
人類
微生物
生命圈
土壤圈
土壤
植物
動物
岩石

圖2-1　土壤是生命圈的核心

物都利用土壤圈的分解功能與作物生產功能，從不間斷進行一連串的循環，打造出生態系（圖2—2）。

(3) 強大的太陽能

將有機物分解生成肥料成分提供給植物的土壤圈，是物質循環的中樞，孕育著生態系；而這些物質變化所需要的能源，則是由太陽能轉化而來的。

太陽能非常強大，據說地球每年所獲得的太陽能是$5.4X10^{24}$J。即使是使用最多太陽能的植物，也只使用了不到0.4%，但這個量仍比全世界消耗的能量高出七倍，相當可觀（圖2—3）。

我們每人每年透過食物所攝取的能量，大約相當於一張榻榻米的面積（譯註：大約$1.6m^2$）一年內所接受的太陽能量；透過這樣的換算，相信各位便能理解太陽能有多麼龐大。二〇一一年，東日本大地震中的核電廠意外，成為世人開始注重太陽能發電的契機，我們應該將這龐大的太陽能更妥善地應

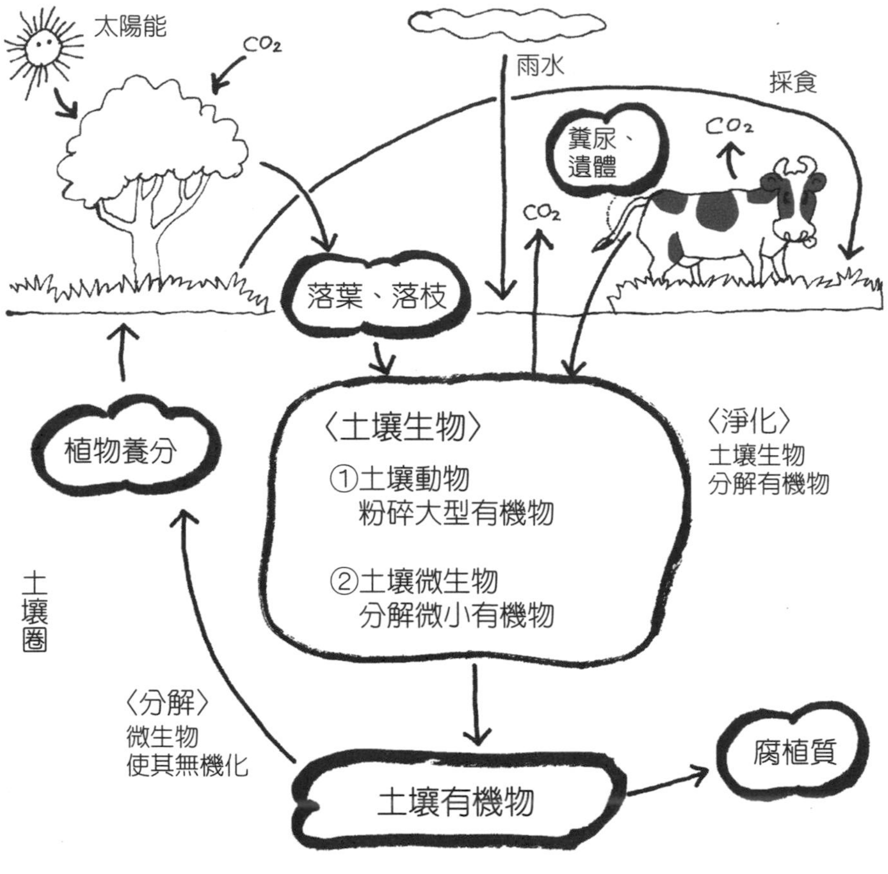
太陽能
CO_2
雨水
採食
糞尿、遺體
CO_2
CO_2
落葉、落枝
植物養分
〈土壤生物〉
①土壤動物
粉碎大型有機物
②土壤微生物
分解微小有機物
〈淨化〉
土壤生物
分解有機物
土壤圈
〈分解〉
微生物
使其無機化
土壤有機物
腐植質

圖2-2　以土壤為中心的物質循環

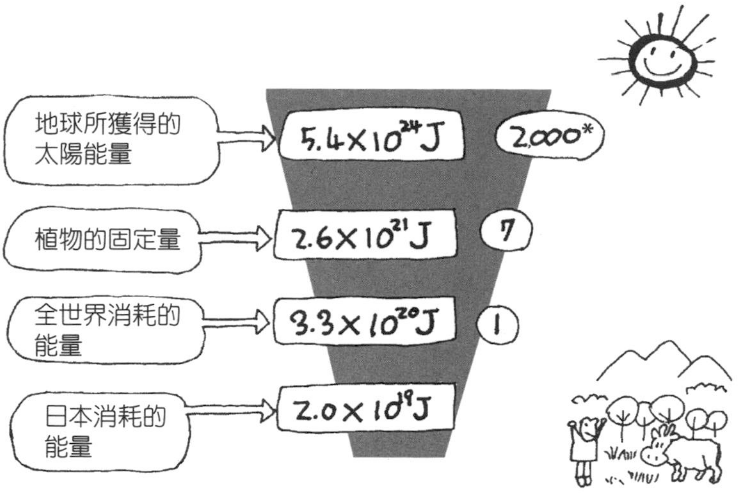

地球所獲得的太陽能量
5.4×10²⁴J
2,000*
植物的固定量
2.6×10²¹J
7
全世界消耗的能量
3.3×10²⁰J
1
日本消耗的能量
2.0×10¹⁹J

圖2-3　太陽能與人類消耗能量的比較

＊如果將全世界消耗的能量視為1，則太陽能相當於其2000倍

用在生活中，同時也必須有效運用最懂得利用太陽能的植物。

(4) 林地的有機物供給與分解

如上所述，地球上的生物皆仰賴太陽能，而接下來我們要站在農業的立場，來討論有機物的供給與分解。

如果我們用林地來討論自然界的動態，那麼植物便是靠著吸收雨水、河川所供給的養分以及土壤中的礦物質，並且藉由太陽能來成長。這些植物的落葉或外來的小動物遺體在土壤中被分解後，便形成礦物質；這些礦物質一部分會被植物吸收，一部分則會成為有機物（腐植質）累積下來。

在林地，有機物的供給量通常高於分解量，因此土壤中的有機物會逐漸蓄積，使土壤日漸肥沃，足以孕育高大的樹木。

（5）農耕地的有機物供給與分解

相對於林地，在栽培作物的農耕地，人類不允許雜草等妨礙作物生長的動植物生存，而大部分的生產物也都會當作農產品販售，只有極少部份（殘渣）會還原至土壤中。此外，一般的農耕地都會整地翻土，讓土壤變得鬆軟後，再進行栽培，但整地這種攪亂土壤的方式，等於是將大型有機物以物理方式分解，提供土壤氧氣，讓土壤微生物更加活性化，促進有機物的分解。

因此，在農耕地上，有機物的分解遠遠高於供給，因此土壤會逐漸變得貧瘠。為了改善這種現象，我們必須使用堆肥等有機物（圖2—4）。

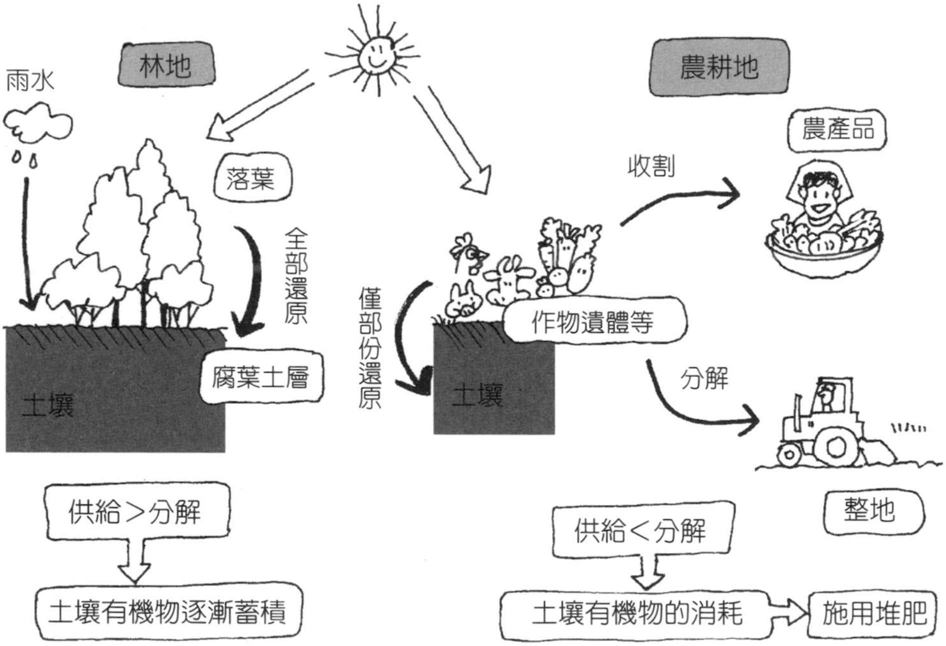

林地
雨水
落葉
全部還原
腐葉土層
土壤
供給＞分解
土壤有機物逐漸蓄積
農耕地
農產品
收割
僅部份還原
作物遺體等
土壤
分解
整地
供給＜分解
土壤有機物的消耗
施用堆肥

圖2-4　林地與農耕地有機物供給的差異

2 碳循環

(1) 地球上的碳分佈情況

碳（C）是構成生物的基本元素，是一切有機物的核心。碳以有機體或無機體的型態，存在於大氣、海洋、地殼、動植物之中，反覆進行無機化與有機化，變化成各種物質，不斷循環（圖2－5）。

碳可能以二氧化碳（CO_2）、一氧化碳（CO）、甲烷（CH_4）、碳酸根（CO_3^{2-}）、碳酸氫鹽（HCO_3^-）、有機體、化石燃料、堆積物、岩石等型態存在於自然界中。據說以石灰質岩石的型態存在於地殼的碳量，是全地球最高的，共有75,000,000Pg（單位請參照表2－1）。含碳量次高的則是水系統（海洋、湖沼），共有36,000Pg；而大氣中的含碳量只有750Pg。

土壤中所含的碳，有2,400Pg，覆蓋於地表上的植物所含的碳量是550Pg；不過這樣的量，不過是古代動植物遺體所形成之化石燃料的十分之一。

(2) 植物所吸收與排放的碳量

植物在一年間會從大氣中吸收110Pg的碳，但是因為呼吸而排放出的量為50Pg，因此固定量為60Pg。然而落葉或殘根等植物遺體回到土壤圈的量，也是60Pg，因此以從整個地球的觀點來看，透過植物生成與排放的碳量是處於平衡狀態的。像植物這種碳收支平衡的狀態，被稱為「碳中和（carbon neutral）」，但實際上仍需要處理或移動的能量，因此也不能算是完全達到平衡。

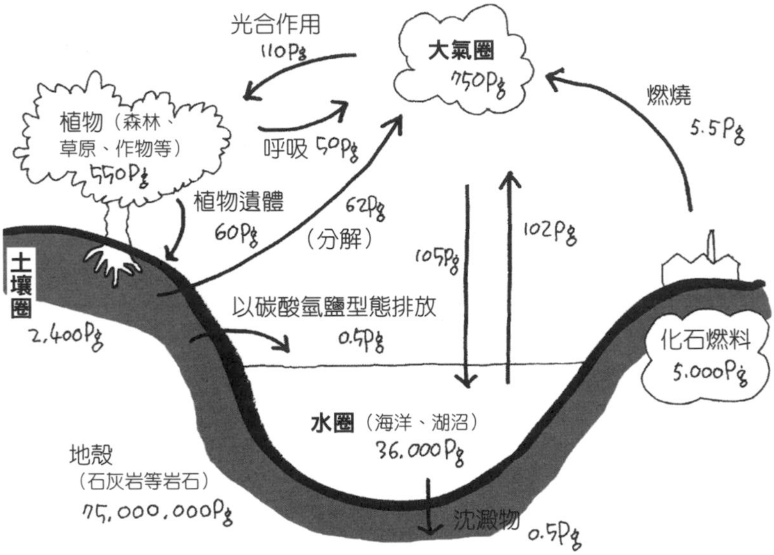
光合作用
110Pg
大氣圈
750Pg
燃燒
5.5Pg
植物（森林、
草原、作物等）
550Pg
呼吸 50Pg
植物遺體
60Pg
62Pg
（分解）
102Pg
105Pg
土壤圈
2,400Pg
以碳酸氫鹽型態排放
0.5Pg
化石燃料
5,000Pg
水圈（海洋、湖沼）
36,000Pg
地殼
（石灰岩等岩石）
75,000,000Pg
沈澱物
0.5Pg

圖2-5　全地球的碳循環

＊1Pg＝10億t　　（Brady & Weil、2002）

表2-1　單位換算表

k（千，kilo）10^3	M（百萬，mega）10^6	G（吉，giga）10^9
T（兆，tera）10^{12}	P（拍，peta）10^{15}	E（艾，exa）10^{18}

（3）碳與全球暖化、酸雨

影響全球暖化的原因之一，就是原本穩定存在於地底的化石燃料被當作能源燃燒後，使得大氣中的二氧化碳濃度上升。化石燃料所排放出的二氧化碳量為5.5Pg／年，占所有植物固定量的十分之一。

大氣中的二氧化碳會隨著雨水回到地面。大氣中的二氧化碳溶解在雨水中時，因為碳酸根處於溶解平衡狀態，pH值約為5.6。一旦雨水的pH值低於此數值，其他的酸性物質便可能溶解在雨水中，而這種pH值低於5.6以下的雨，就是所謂的酸雨。

（4）以土壤為中心的碳循環

讓我們來看看以土壤圈為中心的碳移動。植物會透過光合作用，固定空氣中的二氧化碳。根據日本農業環境技術研究所的研究報告，平均1 ha的稻作，每年可以透過光合作用固定12 Mg的碳。

大氣中的二氧化碳被植物的光合作用固定後，可能會直接在土壤中被分解，或是被動物食用，成為能源，接著再次變成二氧化碳，被排放至大氣中。土壤中有種類極為繁多的小動物與微生物可以分解二氧化碳，而一部分的二氧化碳則會變成碳酸根。另外，沒有被分解的二氧化碳，也會成為土壤腐植質，蓄積在土壤之中（圖2－6）。

（5）旱田蓄積二氧化碳，水田蓄積甲烷

在旱田裡，有機物會被分解為二氧化碳，但是在水田這種水分含量高、容易呈現厭氧狀態的土壤裡，在分解有機物的過程中所產生的有機酸，可能

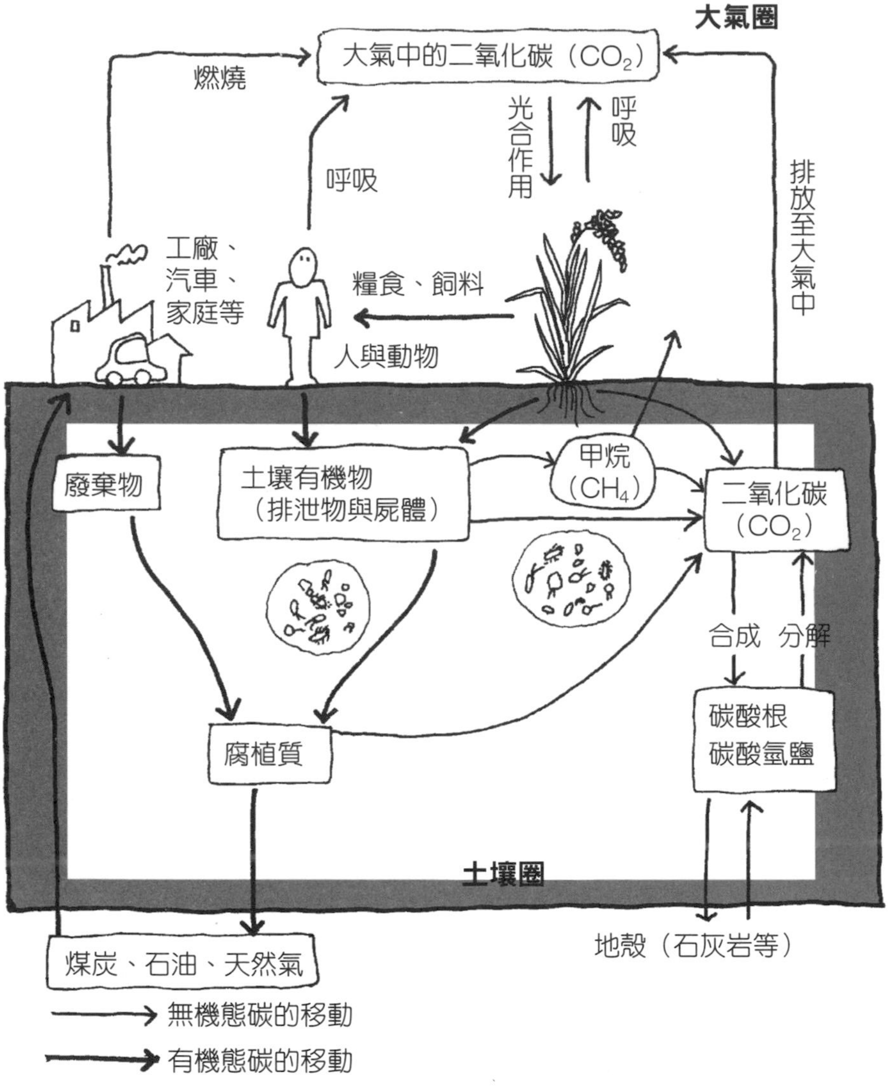
大氣圈
大氣中的二氧化碳（CO_2）
燃燒
呼吸
光合作用
呼吸
排放至大氣中
工廠、
汽車、
家庭等
糧食、飼料
人與動物
土壤圈
廢棄物
土壤有機物
（排泄物與屍體）
甲烷
（CH_4）
二氧化碳
（CO_2）
合成
分解
碳酸根
碳酸氫鹽
腐植質
地殼（石灰岩等）
煤炭、石油、天然氣
無機態碳的移動
有機態碳的移動

圖2-6　以土壤為中心的碳循環

不會變成二氧化碳，而成為甲烷。

換言之，土壤中有機態碳的最終型態，可能是二氧化碳或是甲烷。

大部分的二氧化碳都被排放至空氣中，但有一部份則會形成碳酸根，蓄積在土壤裡。碳存在於土壤中時，比以植物型態存在時還要不容易變化。根據計算，碳在植物體內的平均滯留時間約為10年，在土壤中則約為50年。

3 氮循環

(1) 氮與氮氣

對生物而言最重要的蛋白質，是由胺基酸所構成；而胺基酸的基本元素就是氮。主宰一切生命遺傳的DNA，也是由氮構成的，因此氮可說是創造生命的基本元素。

大氣中有百分之七十八都是氮氣（N_2）。氮在大氣、地殼、海洋動物之間，以各種型態不斷循環（圖2—7）。陸地上的生物中共存在12,000～15,000Gg的氮，而落葉等植物遺體中則有1,900～3,300Gg的氮。植物所含的氮在被動物攝取後，會成為排泄物或遺體，回到土壤圈。

(2) 地球上的氮分佈情況

在土壤圈裡，以土壤有機物的型態存在的氮共有300,000Gg，以無機物型態存在的則有160,000Gg；在根瘤菌等固氮菌作用下，每年大氣圈中的氮約有140Gg受到固定。

在海洋、湖沼等水圈中，以生物型態存在的氮有490Gg，以有機物型態存在的氮則有530,000Gg～770,000Gg；由藻類所固定的氮，每年約有30～130Gg。

人類在進行生產活動時的燃燒行為，每年會有20～30Gg的氮，以氨（NH_3）或氮氧化物（NO_x）的型態被排放至大氣圈。土壤圈每年有100～160Gg的氮，水圈每年有30～180Gg的氮，在微生物的作用下，以氮氣或一氧化二氮（N_2O）的型態被排放至

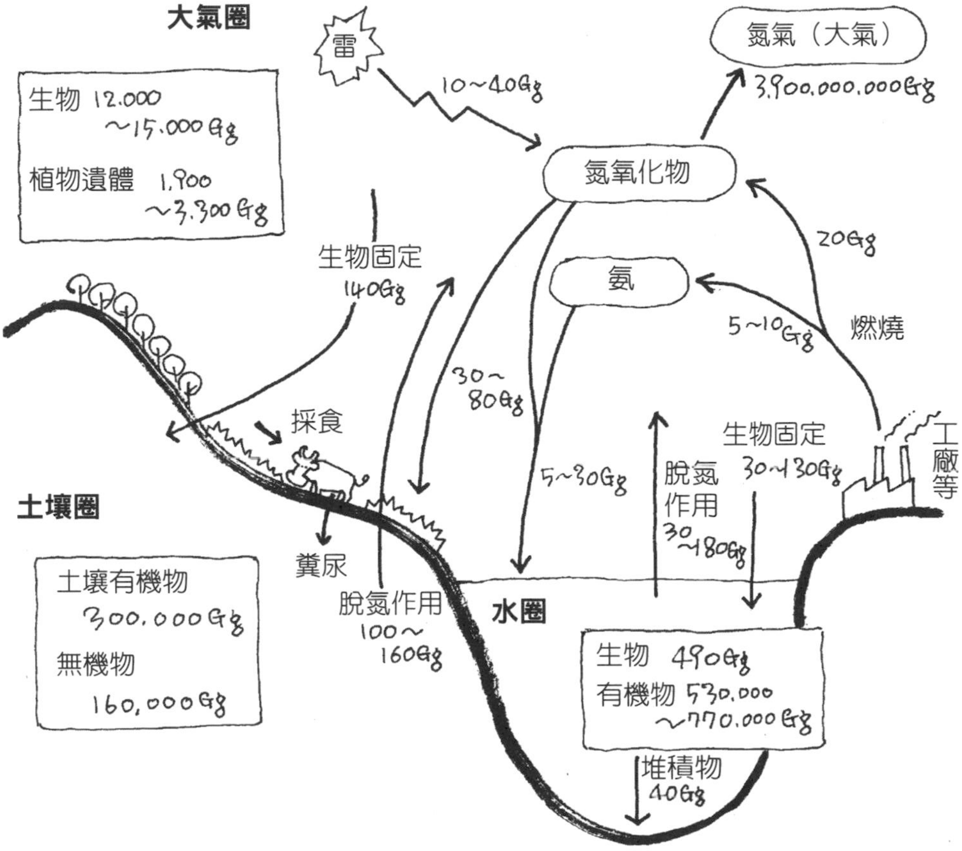
大氣圈
雷
10～40Gg
氮氣（大氣）
3,900,000,000Gg
生物 12,000
～15,000Gg
植物遺體 1,900
～3,300Gg
氮氧化物
20Gg
生物固定
140Gg
氨
5～10Gg
燃燒
30～
80Gg
採食
生物固定
30～130Gg
工廠等
土壤圈
5～30Gg
脫氮作用
30～180Gg
糞尿
土壤有機物
300,000Gg
無機物
160,000Gg
脫氮作用
100～
160Gg
水圈
生物 490Gg
有機物 530,000
～770,000Gg
堆積物
40Gg

圖2-7 全地球現存之氮量（Gg*）與循環速度（Gg／年）

＊Gg＝1,000t （Roswall、 1983）

大氣圈。

植物雖然無法直接利用大氣中的氮，但在雷和宇宙射線的作用下，每年約有10～40Gg的氮變成氮氧化物，包括工廠等排放出的氮氧化物等物質，每年約有30～80Gg的氮落在地表，有5～30Gg的氮隨著雨水流入水域中，提供植物和微生物利用。

(3) 植物無法直接利用氮

植物可以固定或釋放碳，卻無法直接利用氮。這一點正是碳與氮最大的差異。

氮可以透過氧化或還原變化成各種型態。在還原狀態下，能以銨根離子（NH_4^+）或氨（NH_3）的型態存在；一旦氧化，則會變成一氧化二氮（N_2O）、二氧化氮（NO_2）以及硝酸根離子（NO_3）等型態。這些變化主要出現在生物反應上，但也會受到雷的放電等物理或化學影響而產生變化。

(4) 土壤中的氮循環

接著，讓我們來看看土壤圈中的氮循環（圖2－8）。以動植物遺體或堆肥的型態進入土壤的有機物中，含有有機態氮；這些有機態氮被微生物分解後，會變成胺基酸，最後變成銨根離子。化學肥料大多以銨鹽的型態施用。銨根離子在硝化菌的作用下，先被催化為亞硝酸根離子，接著再被催化成硝酸根離子，最後被作物吸收。

假如土壤這時像水田一樣呈現還原狀態，那麼亞硝酸根離子和硝酸根離子便會在微生物（脫氮菌）的作用下還原成氮氣（N_2）。此現象叫做脫氮作用，由於此現象會使肥料失去作用，因此人們通常不喜歡，不過在淨化污水時則廣泛地受到利用。另外，在脫氮作用進行過程中，可能會出現造成全球暖化的一氧化二氮（N_2O）。

這些氮的型態變化，仰賴的是各種微生物的作用，而這些微生物都是將銨根離子轉化為蛋白質來構成菌體的。這就是氮的有機化。植物遺體和菌體

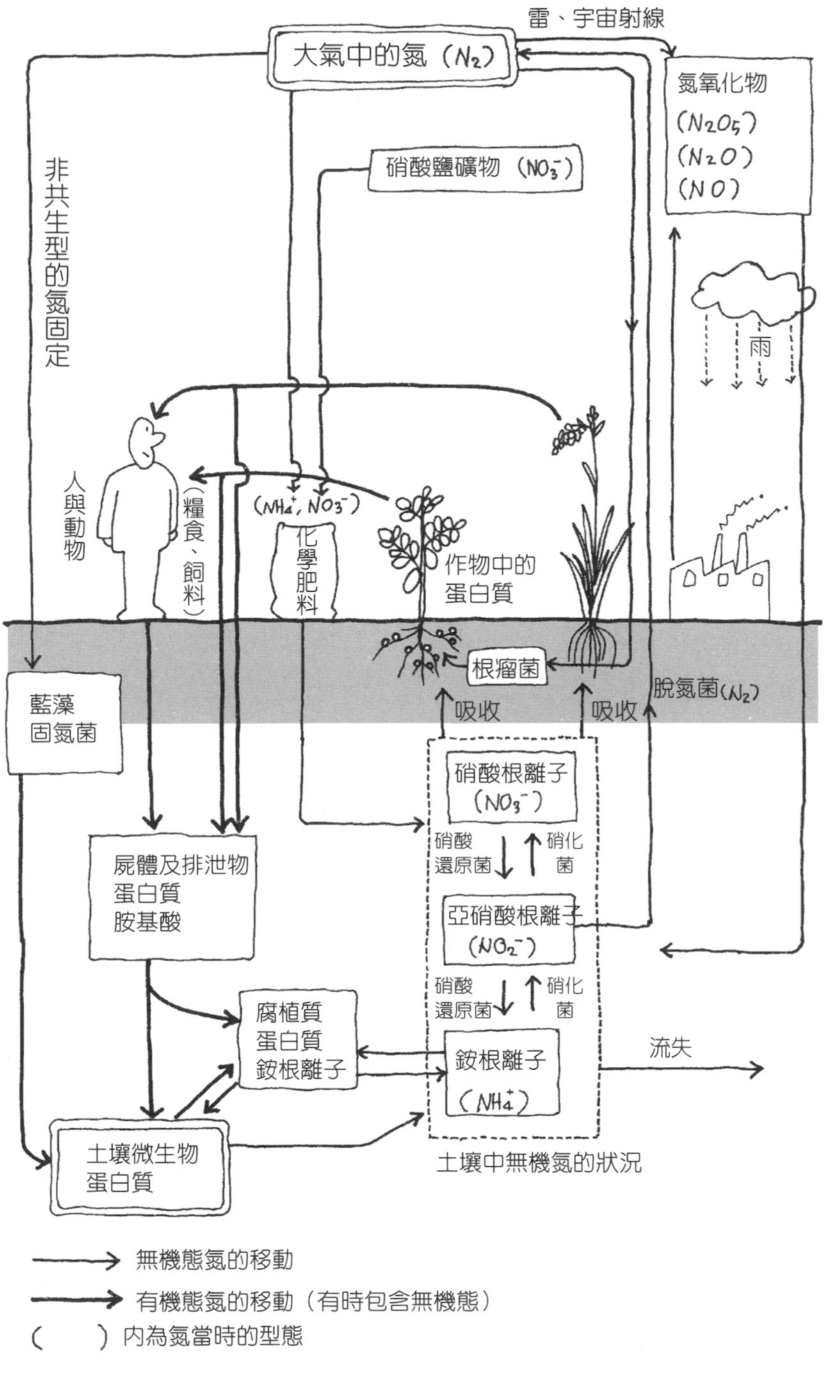
雷、宇宙射線
大氣中的氮（N_2）
氮氧化物
（N_2O_5）
（N_2O）
（NO）
硝酸鹽礦物（NO_3^-）
非共生型的氮固定
雨
人與動物
（糧食、飼料）
（NH_4^+, NO_3^-）
化學肥料
作物中的蛋白質
根瘤菌
脫氮菌（N_2）
吸收
吸收
藍藻
固氮菌
硝酸根離子
（NO_3^-）
硝酸還原菌
硝化菌
亞硝酸根離子
（NO_2^-）
硝酸還原菌
硝化菌
屍體及排泄物
蛋白質
胺基酸
腐植質
蛋白質
銨根離子
銨根離子
（NH_4^+）
流失
土壤微生物
蛋白質
土壤中無機氮的狀況
無機態氮的移動
有機態氮的移動（有時包含無機態）
（　　）內為氮當時的型態

圖2-8　以土壤為中心的氮循環

N_2O_5：五氧化二氮、N_2O：一氧化二氮、NO：一氧化氮

中的有機態氮有時也會縮合聚合，成為腐植質。

(5)大氣中的固氮作用——固氮菌及其他

植物雖然無法直接運用大氣中的氮，但某些微生物則可以。這種微生物叫做固氮菌。固氮菌有些就像根瘤菌一樣棲息在植物根部，有些則獨立存活在根部的土壤之中。

除了微生物以外，雷或宇宙射線等自然現象也能造成大氣中的固氮作用。因為雷而氧化的氮會隨著雨水落入地面；俗話說的「多雷年，慶豐收」，就是因為這個道理。

4 其他肥料元素的循環

鈣（Ca）、鎂（Mg）、鉀（K）等肥料成分，幾乎不會與大氣圈產生循環。主要的循環過程是：存在於土壤圈的元素會被植物吸收，而動物食用植物後，這些元素便隨著動物的遺體或糞便再次回到土壤圈。

在海洋及湖沼等水圈也有同樣的循環，土壤圈的元素被河川等水流帶進水圈後，這些無機元素會和地殼中的無機元素互相置換，進行包含地殼在內的循環（圖2—9）。

不過，只有硫（S）在氧化後會變成硫氧化物（SOx），進行包含大氣圈的循環。這是因為人類的生產活動會將硫氧化物（SOx）排放至大氣中，於是形成酸雨，再回到地表的緣故。

5 土地利用與氮循環

自然的土壤擁有淨化的功能，但是農耕地則會因為肥料成分流出而造成環境污染。這種現象和氮密不可分，同時狀況也會隨著土地利用方式而異。接下來將依照不同的土地利用方式，來說明以土壤為中心的氮循環。

(1) 森林能淨化環境

在沒有施肥，也沒有收割的成熟森林（闊葉樹林）中，每1ha的氮收支如圖2—10所示。

森林的樹木或草類雖然帶有312kg的氮，但是草木在一年中使用的量則為43.5kg。雨水帶來的氮，每年約有5.5kg，但因為接觸到了樹木而增加3kg，土壤中由雨水帶來的氮量便成為了8.5kg。此外，有

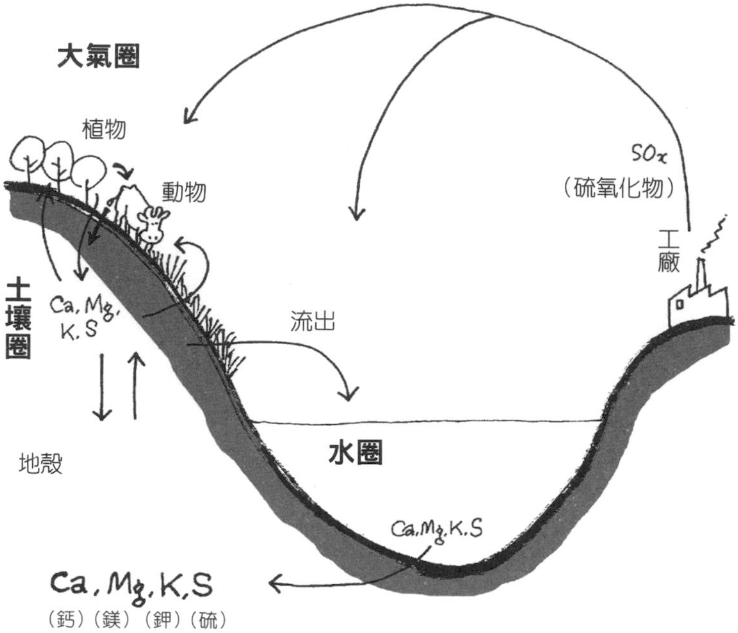
大氣圈
植物
動物
SOx
（硫氧化物）
工廠
土壤圈
Ca, Mg, K, S
流出
水圈
地殼
Ca, Mg, K, S
Ca, Mg, K, S
（鈣）（鎂）（鉀）（硫）

圖2-9　其他元素的循環

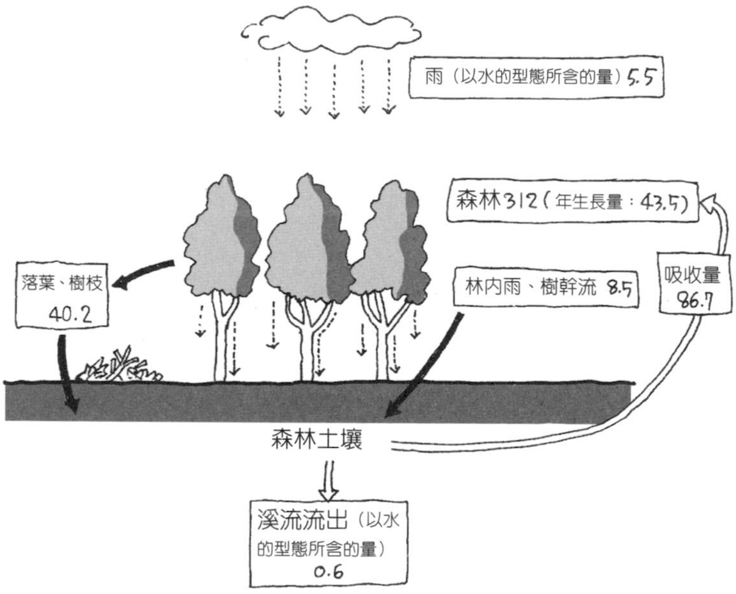
雨（以水的型態所含的量）5.5
森林312（年生長量：43.5）
落葉、樹枝
40.2
林內雨、樹幹流 8.5
吸收量
86.7
森林土壤
溪流流出（以水的型態所含的量）
0.6

圖2-10　森林土壤的氮收支（單位：kg/ha）

（岩坪、1976）

40.2kg的氮，是從樹木的落葉等進入土壤的，因此能為土壤提供48.7kg的氮。

森林的樹木和草類，會從土壤吸收86.7kg的氮。從森林土壤流至溪流等的氮量為0.6kg，剩餘的氮應該會蓄積在土壤中。

從森林系統來看氮的移動，可知透過降雨帶來的氮，每年約有5.5kg，流出的氮則有0.6kg。流出量約佔流入量的10％，也就是說森林淨化了雨水中90％的氮。

(2) 旱田能促進氮的無機化

露天的旱田和森林最大的不同，就是旱田會進行施肥，且作物會被帶離這個系統。另外，由於栽培作物時會先整土，讓土變軟，再除去雜草，因此氧氣的供給相當充分，土壤呈現氧化狀態，有機物也會迅速進行分解。

有機物和肥料經過無機化而形成的銨根離子，會迅速地變成硝酸根離子。由於硝酸根離子是負離子，因此不會吸附在土壤顆粒上，而是直接溶於滲透水中，流入地下水。

菜園每1 ha的氮收支如圖2－11所示。進入土壤的氮，來自雨水的有6.6kg，來自化學肥料的有342.5kg，合計349.1kg；另外還要加上土壤有機物分解後生成的無機態氮59.6kg。

相對地，排出的氮當中，由作物吸收的有254.6kg，流失及脫氮作用有93.1kg，合計347.7kg。相減之後，還有61kg殘存於土壤中。

(3) 水田在脫氮作用下具有淨化功能

水田也是以栽培為目的的土地，因此與旱田一樣，會進行施肥，並將作物收割，但是在受到水的影響這一點上，卻有著極大的差別。在湛水期，土壤能得到的氧氣受到限制，因此水田呈現還原狀態，出現脫氮作用。

水田從五月起開始湛水、插秧；秋天收成後，隔年一月開始進行排水。在這九個月之間，水田每

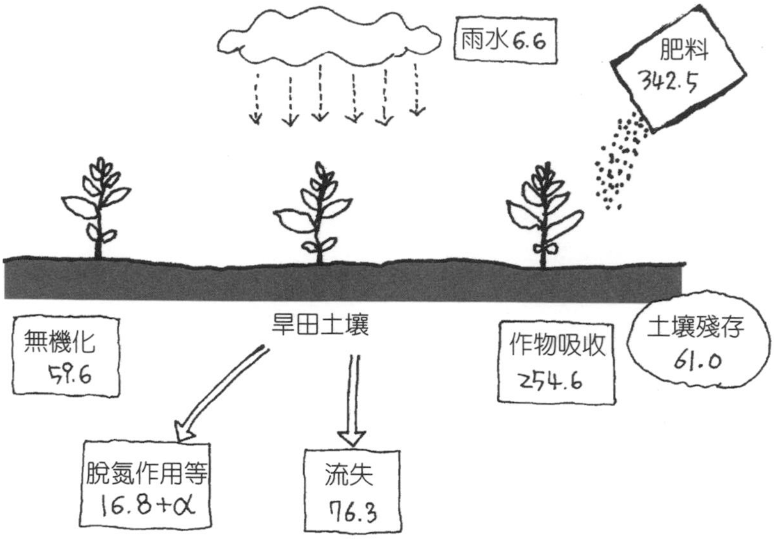
雨水6.6
肥料
342.5
旱田土壤
無機化
59.6
作物吸收
254.6
土壤殘存
61.0
脫氮作用等
16.8+α
流失
76.3

圖2-11　露天旱田的氮收支（單位：kg／ha）

（小川，2000）

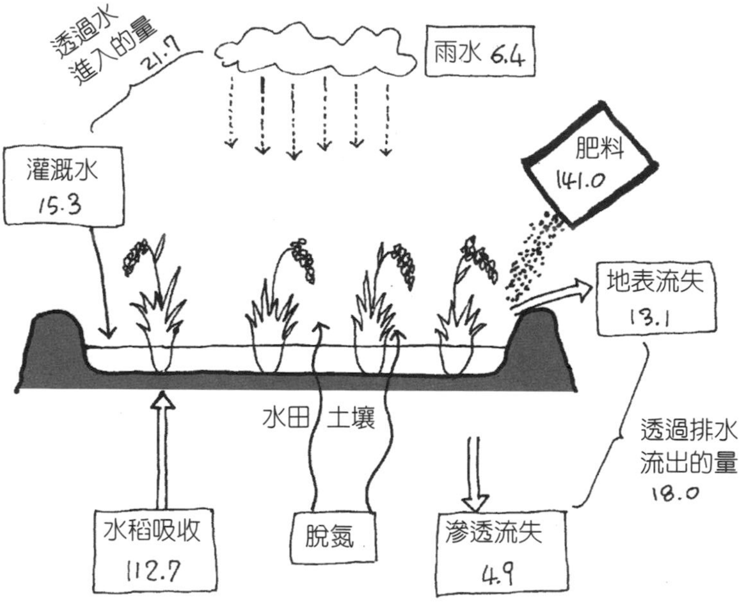
透過水
進入的量
21.7
雨水 6.4
灌溉水
15.3
肥料
141.0
地表流失
13.1
水田 土壤
透過排水
流出的量
18.0
水稻吸收
112.7
脫氮
滲透流失
4.9

圖2-12　水田的氮收支（單位：kg／ha）

（田淵，1985）

1ha的氮收支如圖2－12所示。進入土壤中的氮，來自肥料的有141.0kg，來自灌溉水的有15.3kg，來自降雨的有6.4kg，總共162.7kg。而排放方面，水稻收成後帶走的有112.7kg，透過水路流失的有13.1kg，因為滲透作用而進入地下的有4.9kg，共計130.7kg，兩者之差為32.0kg。其中僅有少部分蓄積在土壤裡，其餘大部分都變成氮氣，產生脫氮作用。

從水的角度來看，透過降雨和灌溉水進入水田的氮量為21.7kg，從水田流失的氮量為18.0kg，兩者之間的3.7kg差距，正是水田所淨化的量。如上所述，水田可謂是一種珍貴的淨化、脫氮地帶。

（4）利用連續地形的氮循環

旱田雖然會造成環境的氮負荷，但是森林和水田卻擁有淨化氮的功能。日本的地形多為由山地經過平地後連接海岸，只要利用這樣的地形，在土地利用上多花一些心思，便能降低環境中的氮負荷。

位於台地或丘陵地的旱田具有氧化性，而位在山谷或低地的水田則可透過湛水進行還原。因此，如圖2－13所示，只要有效活用從山地的森林、台地到丘陵的旱田，再到低地的水田這種連續地形，便能達成連鎖性的土地利用。

如此一來，水就會依序順著山地、台地、低地移動，構築出一個透過氧化、還原來吸附氮或脫氮的系統，在進行農業生產的同時，也能降低環境的氮負荷。

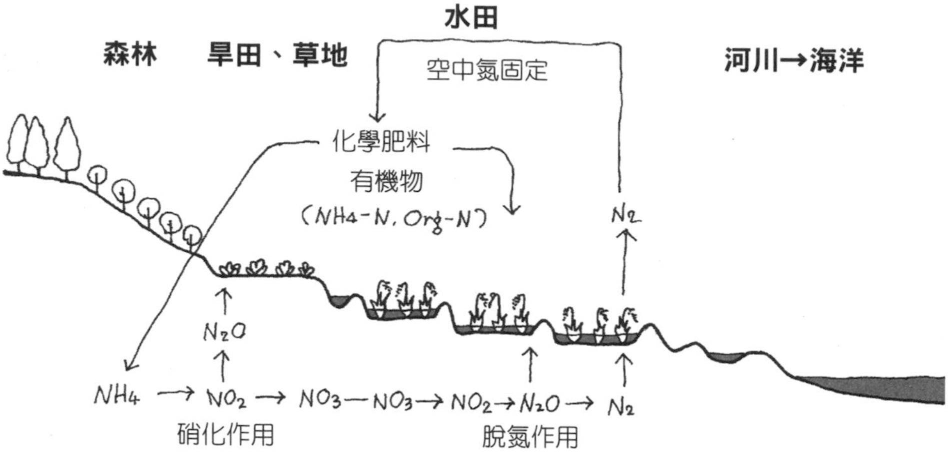
水田
森林
旱田、草地
空中氮固定
河川→海洋
化學肥料
有機物
（NH4-N, Org-N）
N2
N2O
NH4 → NO2 → NO3 — NO3 → NO2 → N2O → N2
硝化作用
脫氮作用

圖2-13　地形、土地利用與氮循環　（小川，2000）

NH_4-N：氨態氮、Org-N：有機態氮、NH_4：銨根離子、NO_2：二氧化氮、NO_3：硝酸根離子、N_2O：一氧化二氮、N_2：氮氣（氮分子）

第3章

土壤的性質與作物

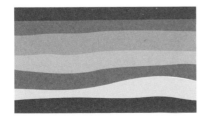

1 構成土壤的物質

構成土壤的不只是土，還包括空氣、水、有機物、礦物質等物質。土壤的構成要素如圖3－1所示；以容積來看，水和空氣佔了一半以上。土壤中大部分的固體都是黏土礦物等，但也包含少量的有機物（腐植質和微生物等）。此外，圖3－1只是一個示例，結構比例和土壤大為不同。

固體部份，主要是石英或長石等原生礦物以及這些礦物風化後所形成的黏土等無機成分。黏土的周圍有氮、磷酸、鉀等肥料成分，以及游離鐵、鋁等游離氧化物。黏土礦物主要是以腐植質等有機物為媒介製造團粒的。團粒的孔隙和礦物的大小縫隙中都含有空氣和水，同時還棲息著微生物或植物的根等生物。這些影響土壤性質的物質彼此交錯，複雜得無法單純以圖示表示。

2 何謂地力

(1) 地力的要因

在農業領域中，作物的產量，是判斷土壤好壞的依據。土壤生產作物的能力，一般稱為「地力」，不過有時也以「肥沃度」或「土壤生產力」來表示。地力表示的不僅是構成土壤的自然條件，而是包括栽種的作物、栽培方法等農業條件的綜合土壤能力。

地力必須同時滿足物理性要素、化學性要素及生物性要素，如圖3－2。

物理性要素包括表土層或有效土層的厚度、整地的難易度、保水性與排水性，以及對風蝕和水蝕的耐性等等。化學性要素包括養分的保持能力與供給能力、土壤緩衝能力（pH）、氧化與氧化還原能力、有無重金屬等有害物質等等。生物性要素包括有機物的分解能力、氮固定能力、對於病蟲害之緩衝能力，以及是否能提供對可分解有害化學物質的微生物友善的環境。

(2) 地力的發揮與提昇

上述要素必須相輔相成，才能打造出適合作物生長的環境，若僅單獨存在，是沒有效果的。例如，表示土壤肥沃度的保肥力，必須結合物理性與化學性的相乘效果；因為團粒構造而達到的土壤柔軟度，則需要物理性與生物性的相乘效果；而地力氮的發現則是生物性與化學性的相乘效果。當這些因素互相取得平衡，便是良好的地力。

「土壤改良運動」在日本全國各地展開，採取施用有機肥料等措施，但卻成效不彰。這是因為地力是多方效果相輔相成的，想要提昇地力，就必須進行綜合性的改良，並不能只靠避免使用磷酸肥料或深耕等單獨的措施來達成。

3 土壤三相分布

(1) 土壤三相與比例

土壤的母材——岩石雖重，但土壤卻很輕；岩石無法含水，但土壤卻可以。這是因為土壤是以微小的礦物粒子所構成，土壤中有許多空隙，而這些空隙中大多充滿了空氣和水。將構成土壤的黏土等礦物稱為固相，水分稱為液相，空氣稱為氣相，此三者的容積比例就是「土壤三相」，是顯示土壤物理性的重要指標。

土壤三相的模式圖如圖3－3所示。土壤三相的比例，對土壤的硬度、透水性與保水性有著極大的影響。一般認為，最適合作物生長的比例，是固相率佔45～50％，液相率和氣相率各佔20～30％。

此外，隨著土地利用方式的不同，土壤三相的差異也很大。在旱田中氣相率較高，在水田則較低。

(2) 各相之特徵

固相由無機成分和有機成分所構成。無機成分包括以矽酸、矽酸鹽、鐵和鋁的氧化物或氫氧化物所組成的土壤顆粒，顆粒的大小不一。有機成分則是由新鮮的有機物與腐植質構成。

液相不只是提供作物水源而已，還能以離子的型態幫助作物的根部吸收肥料成分。

土壤中有許多大小不同的孔隙，這些孔隙裡含有水分，但是作物無法吸收被鎖在細微孔隙中的水分。

氣相扮演著提供作物根部氧氣的重要角色。除此之外，也和土壤的氧化、還原有著密切關係，假如氣相過少，土壤就會出現厭氧狀態，造成甲烷的產生。

（3）土壤三相分布例

土壤三相的測定例如圖3－4所示。屬於黑火山灰土的田無（東京都）土壤，特徵是連底土的固相都很少，液相最多，是質地柔軟，水分含量高的土壤。

相反地，砂丘土（千葉縣九十九里海岸）則固相較多，液相較少，由此可知那裡是水分含量低的砂地。

位在低地的沖積土（長野）是因為河川氾濫而生成的土壤，地下水位高，因此氣相極少。位於高台的洪積土則是固相率極高的土壤。

空氣

土壤水

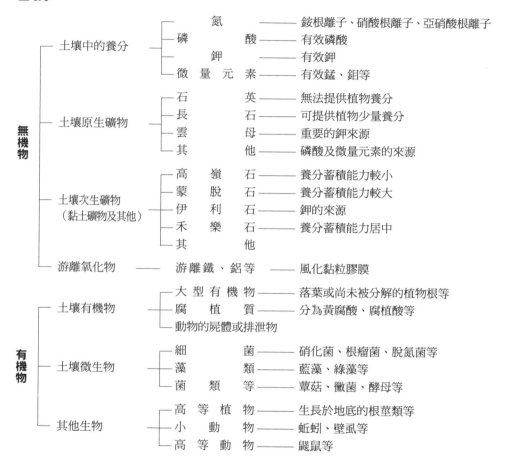

無機物	土壤中的養分	氮	銨根離子、硝酸根離子、亞硝酸根離子
		磷酸	有效磷酸
		鉀	有效鉀
		微量元素	有效錳、鉬等
	土壤原生礦物	石英	無法提供植物養分
		長石	可提供植物少量養分
		雲母	重要的鉀來源
		其他	磷酸及微量元素的來源
	土壤次生礦物（黏土礦物及其他）	高嶺石	養分蓄積能力較小
		蒙脫石	養分蓄積能力較大
		伊利石	鉀的來源
		禾樂石	養分蓄積能力居中
		其他	
	游離氧化物	游離鐵、鋁等	風化黏粒膠膜
有機物	土壤有機物	大型有機物	落葉或尚未被分解的植物根等
		腐植質	分為黃腐酸、腐植酸等
		動物的屍體或排泄物	
	土壤微生物	細菌	硝化菌、根瘤菌、脫氮菌等
		藻類	藍藻、綠藻等
		菌類等	蕈菇、黴菌、酵母等
	其他生物	高等植物	生長於地底的根莖類等
		小動物	蚯蚓、壁虱等
		高等動物	鼴鼠等

表3-1　土壤的組成

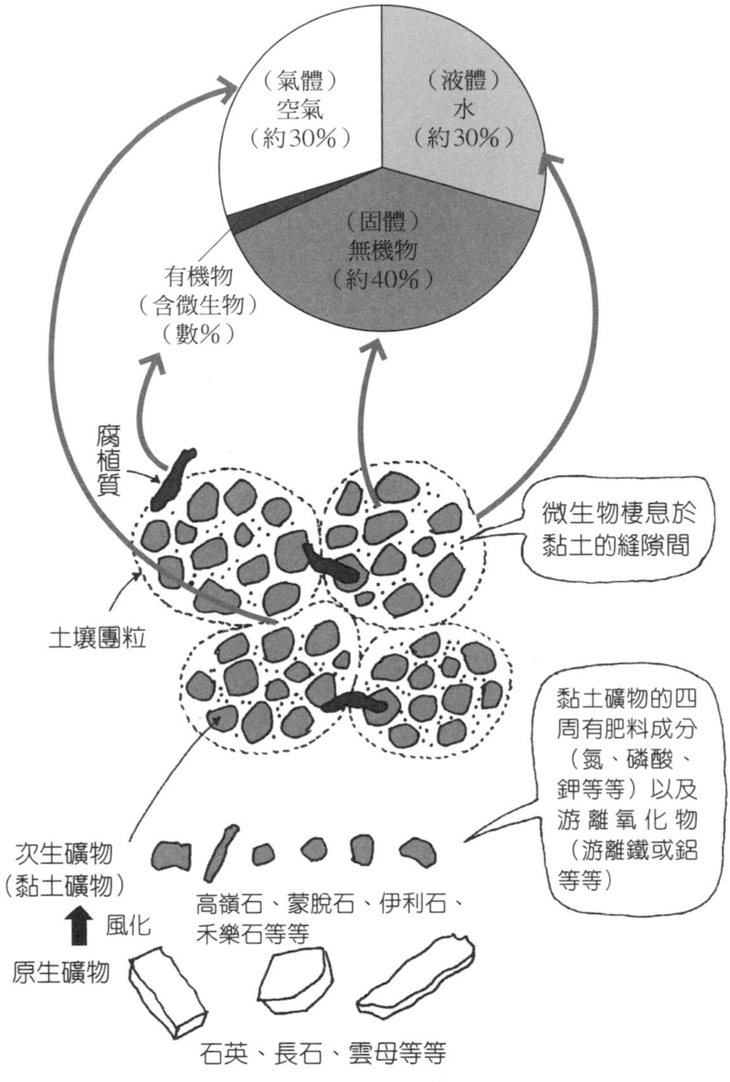
（氣體）
空氣
（約30%）
（液體）
水
（約30%）
（固體）
無機物
（約40%）
有機物
（含微生物）
（數%）
腐植質
微生物棲息於黏土的縫隙間
土壤團粒
黏土礦物的四周有肥料成分（氮、磷酸、鉀等等）以及游離氧化物（游離鐵或鋁等等）
次生礦物
（黏土礦物）
風化
原生礦物
高嶺石、蒙脫石、伊利石、禾樂石等等
石英、長石、雲母等等

圖3-1　土壤的組成

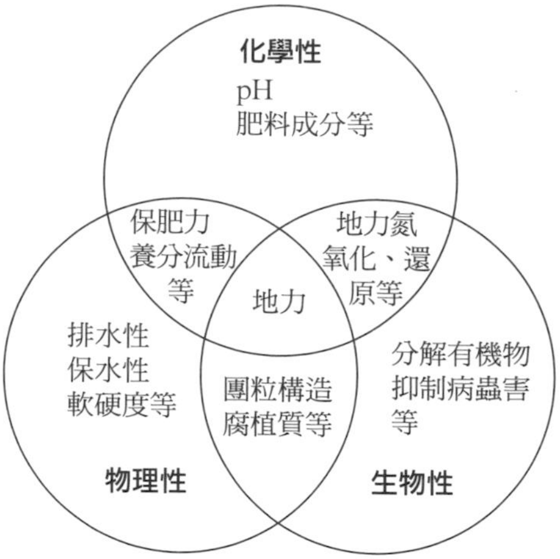
化學性
pH
肥料成分等
保肥力
養分流動
等
地力氮
氧化、還
原等
地力
排水性
保水性
軟硬度等
團粒構造
腐植質等
分解有機物
抑制病蟲害
等
物理性
生物性

圖3-2　地力的構成要素

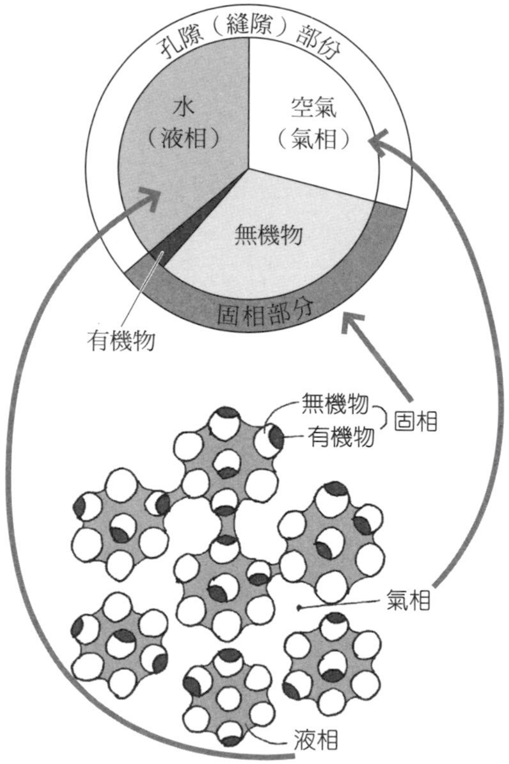
孔隙（縫隙）部分
水
（液相）
空氣
（氣相）
無機物
固相部分
有機物
無機物
有機物
固相
氣相
液相

圖3-3　土壤三相示意圖

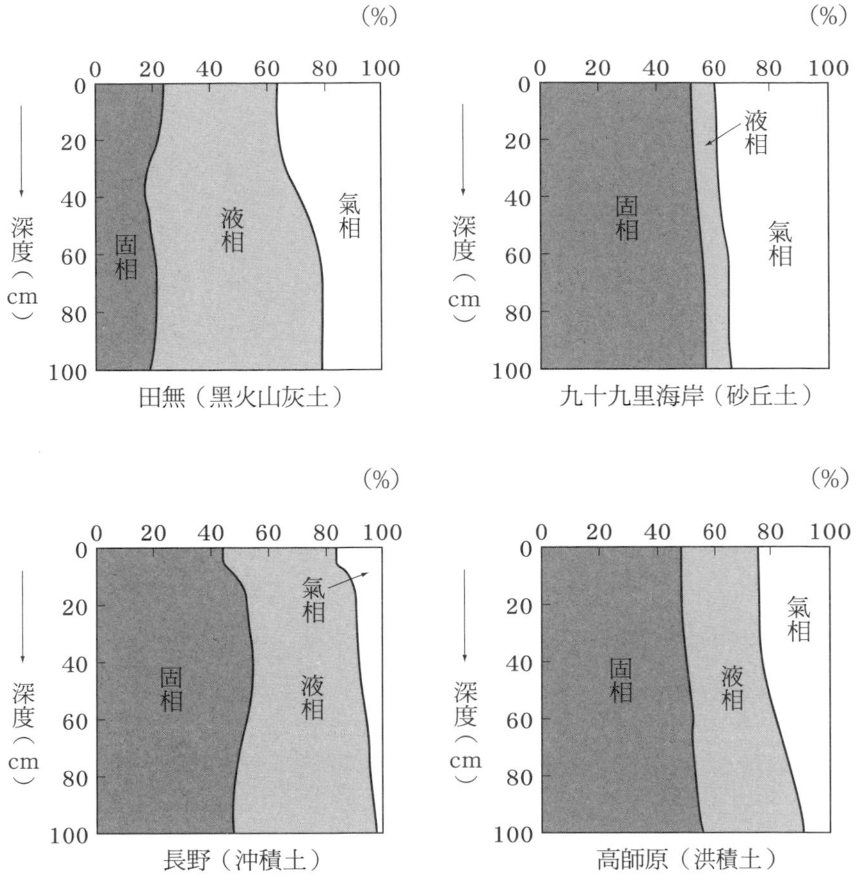
(%)
0 20 40 60 80 100
0 20 40 60 80 100
深度（cm）
固相
液相
氣相
田無（黑火山灰土）
(%)
0 20 40 60 80 100
0 20 40 60 80 100
深度（cm）
液相
固相
氣相
九十九里海岸（砂丘土）
(%)
0 20 40 60 80 100
0 20 40 60 80 100
深度（cm）
氣相
固相
液相
長野（沖積土）
(%)
0 20 40 60 80 100
0 20 40 60 80 100
深度（cm）
氣相
固相
液相
高師原（洪積土）

圖3-4　不同深度之土壤三相分布例（美園、1962）

4 土壤團粒

(1) 何謂土壤團粒

適合栽培作物的土壤，必須能夠適度蓄積雨水，同時擁有良好的排水功能。另外，還必須充分供給根部氧氣以及溶於水中的肥料成分。為了達到這些目的，土壤中必須有適當的孔隙（縫隙），因此我們必須讓土壤的「團粒構造」更加發達才行。

所謂的團粒構造，就是土壤顆粒結合後的集合體，再繼續結合所形成的集合體。團粒有的像蚯蚓糞便一樣大，有的則小到肉眼無法辨識。

(2) 團粒的形成

我們來看看團粒是如何形成的（圖3—5）。

土壤顆粒（黏土）是儲藏肥料成分的倉庫，一般帶有負電，因此土壤顆粒會彼此相斥，不會結合。

不過，由於構成土壤顆粒的鐵和鋁等帶有正電，因此可以成為腐植質、植物根、微生物所排出的代謝產物（有機物）的媒介，讓土壤顆粒結合。有時微生物身體上的黏性物質也會扮演著黏著劑的角色，直接讓土壤顆粒結合。

藉由有機物力量結合的土壤顆粒，稱為「有機．無機複合體」，這些複合體結合之後，便能形成微團粒（單次結合團粒）。微團粒會繼續與堆肥這種大型有機物或是黴菌這種大型微生物結合，形成粗團粒（二次結合團粒）。一旦有機．無機複合體結合成強韌的團粒，便能形成耐水性團粒，即使水分滲入也不會崩塌。

上述的複雜過程，都會在蚯蚓的體內進行；

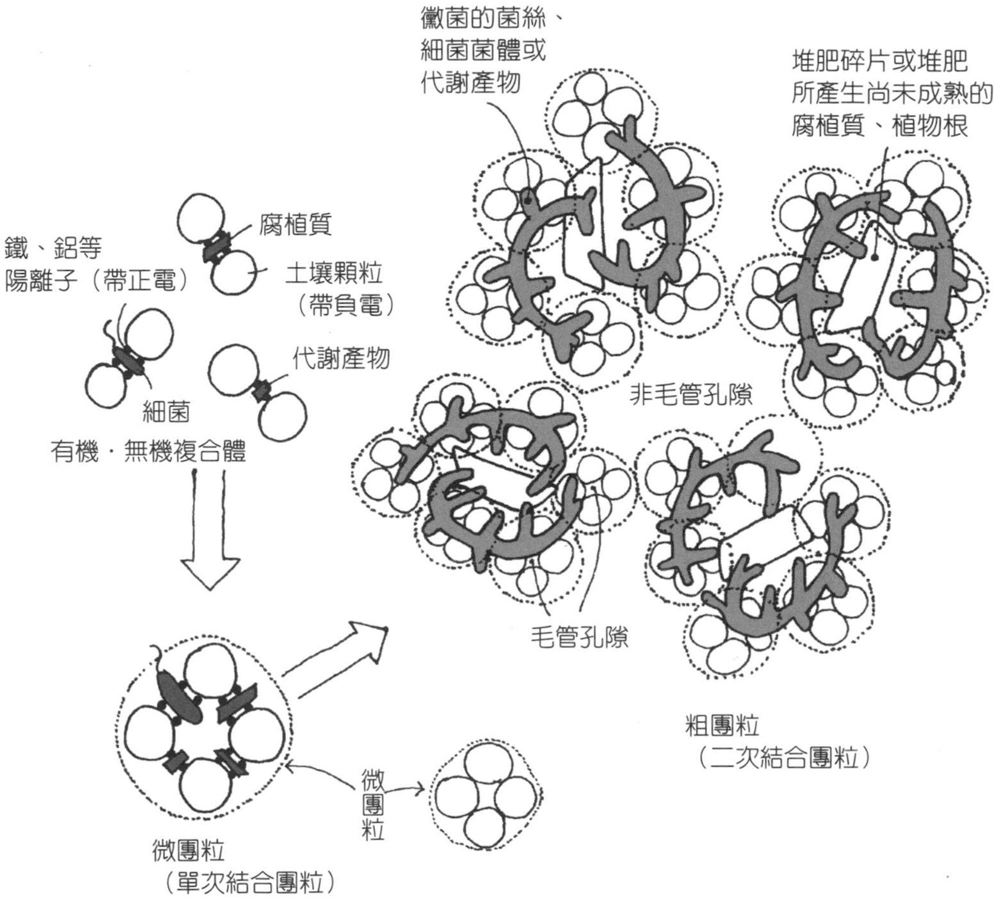
黴菌的菌絲、
細菌菌體或
代謝產物
堆肥碎片或堆肥
所產生尚未成熟的
腐植質、植物根
腐植質
鐵、鋁等
陽離子（帶正電）
土壤顆粒
（帶負電）
代謝產物
細菌
有機・無機複合體
非毛管孔隙
毛管孔隙
粗團粒
（二次結合團粒）
微團粒
微團粒
（單次結合團粒）

圖3-5　土壤團粒形成模式　（西尾、2007）

蚯蚓能將攝取的土壤變成團粒，再以糞便的型態排出。

（3）團粒的特徵——富含大大小小的空隙

土壤團粒化之後，土壤中的空隙就會增加，不但透氣性和排水性會提昇，更能讓水分留在細微的縫隙間，藉以提高含水量。接下來將詳細介紹此狀態。

圖3—6是土壤顆粒排列的模型。假設土壤顆粒的大小相同，那麼在縱向、橫向皆排列整齊（矩陣）的狀態下，可計算出空隙約有48％；若是交互斜向排列，空隙約有26％；但是形成團粒構造後，空隙便有60％以上。若是更複雜的二次結合團粒，空隙便能高達80％以上。

此外，不只是空隙的數量，在矩陣或斜向排列時，空隙的大小都是一致的，可是一旦團粒發達，便會產生大小不同的空隙。水分的親和力會隨著空隙大小而不同，因此若有大小不一的空隙，就能形成排水性與保水性皆良好的土壤。

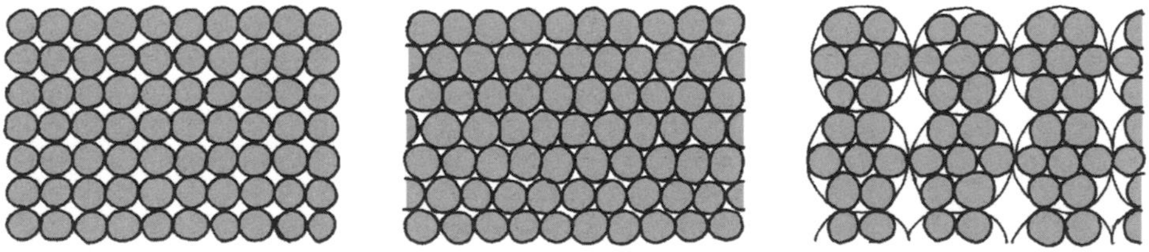

（a）矩陣（孔隙48%）　（b）斜列（孔隙26%）　（c）團粒構造（孔隙61%）

圖3-6　土壤顆粒的排列與孔隙率

5 保水力

(1) 何謂具有保水性且排水性優異的土壤

水分對作物而言非常重要，一旦水分不足就會枯萎，但是水分過多，也會使作物的根部因無法呼吸而腐爛。之所以即使日照不長或持續降雨，土壤也都能提供作物所需的水分，其實和前述的團粒構造密不可分。

請想像一下砂地和黏土。砂地的顆粒大，砂石顆粒之間的空隙也大，因此排水性良好，但幾乎不具保水力，所以必須經常澆水，作物才有辦法生長。而黏土的顆粒小，空隙也小，水在細小的空隙中具有高親和力，所以若是只有黏土，那麼保水力雖然強，但排水性卻太差，只要多下一點雨，作物就會泡在水裡。

然而，假如有恰到好處的團粒構造，那麼就能打造一個既富有保水性，排水能力又良好，最適合作物生長的土壤環境（圖3－7，圖3－8）。

(2) 水在土壤中的功能

土壤中的水分具有以下功能：①供作物吸收、利用，促進生長，②溶解土壤中的肥料成分，供作物吸收，③比熱大，能幫助土壤保持一定的溫度，④提供能讓土壤生物生存的環境。

(3) 作物的吸水與pF

土壤中的水分會透過毛管孔隙從濕度高的地方

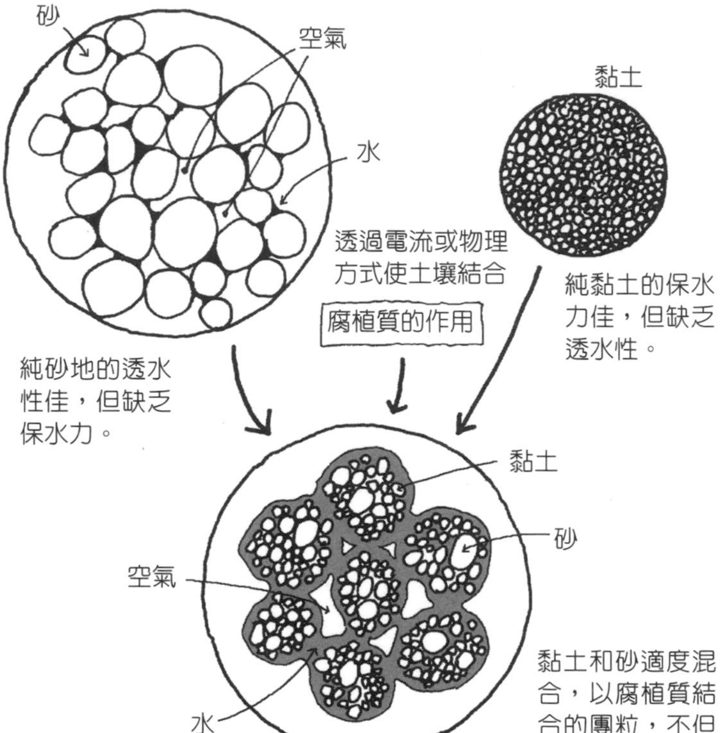

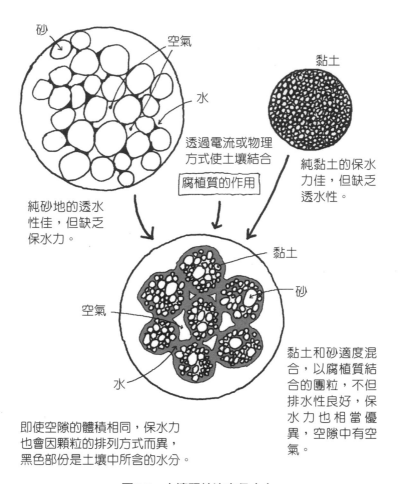

砂
空氣
水
黏土
透過電流或物理
方式使土壤結合
腐植質的作用
純黏土的保水
力佳，但缺乏
透水性。
純砂地的透水
性佳，但缺乏
保水力。
黏土
砂
空氣
水
黏土和砂適度混
合，以腐植質結
合的團粒，不但
排水性良好，保
水力也相當優
異，空隙中有空
氣。
即使空隙的體積相同，保水力
也會因顆粒的排列方式而異，
黑色部份是土壤中所含的水分。

圖3-7　土壤顆粒決定保水力

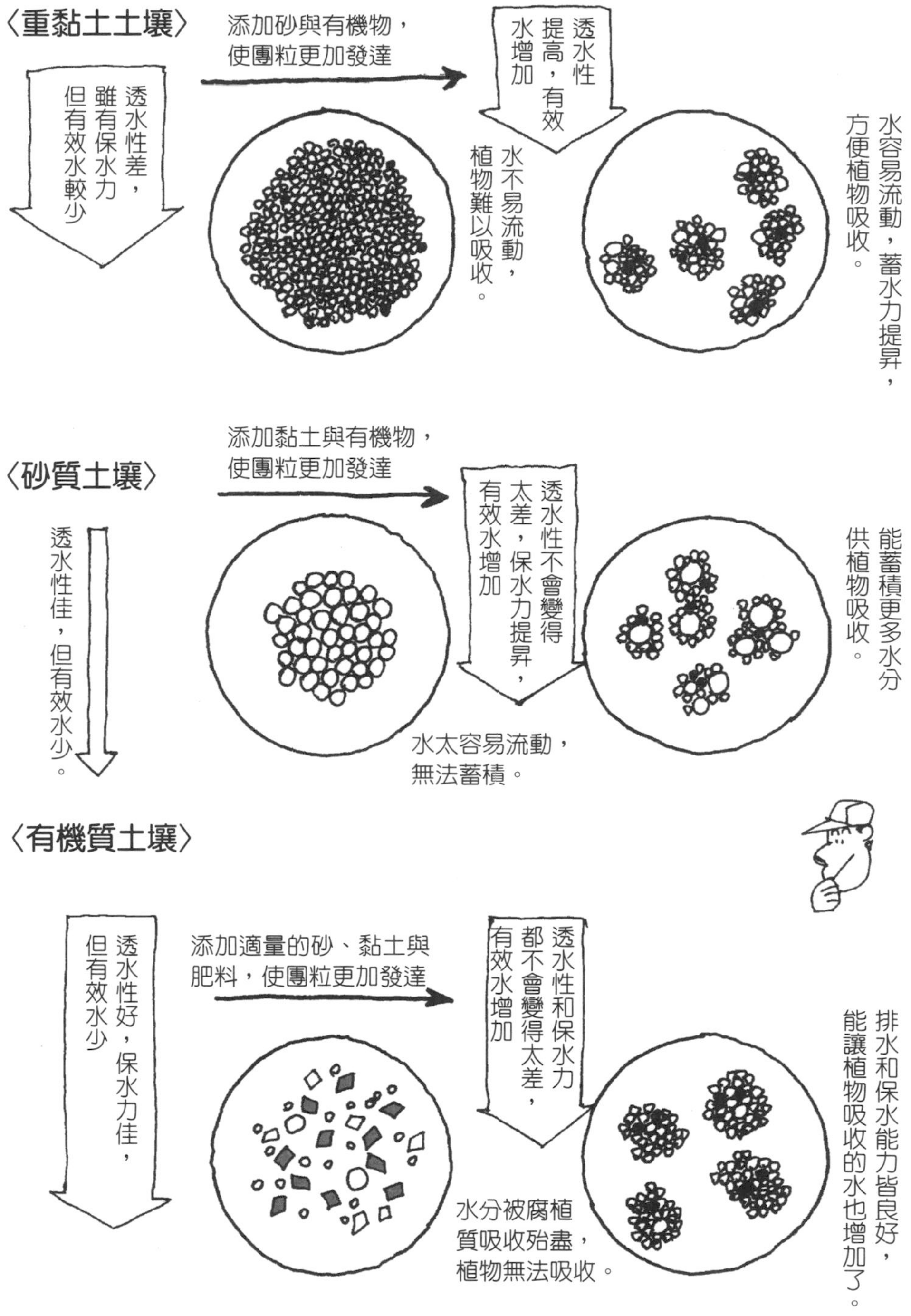
〈重黏土土壤〉
透水性差，雖有保水力但有效水較少
添加砂與有機物，使團粒更加發達
透水性提高，有效水增加
水不易流動，植物難以吸收。
水容易流動，蓄水力提昇，方便植物吸收。
〈砂質土壤〉
透水性佳，但有效水少。
添加黏土與有機物，使團粒更加發達
透水性不會變得太差，保水力提昇，有效水增加
水太容易流動，無法蓄積。
能蓄積更多水分供植物吸收。
〈有機質土壤〉
透水性好，保水力佳，但有效水少
添加適量的砂、黏土與肥料，使團粒更加發達
透水性和保水力都不會變得太差，有效水增加
水分被腐植質吸收殆盡，植物無法吸收。
排水和保水能力皆良好，能讓植物吸收的水也增加了。

圖3-8　土壤改良與保水力

流向乾燥的地方，因此假如遇到過大的孔隙，便會中斷。

水流動的方向由位能決定，而水的位能會受到重力、毛細現象、吸附力、滲透力等因素的影響。

水的位能一般以帕（Pa）來表示，不過在與作物生長相關領域中，則會用水柱高度的對數值pF來表示。pF與水的流動以及作物生長的關係圖，如圖3－9所示。最適合作物生長的pF是1.8（-6kPa）～3.0（-100kPa）。

（4）有效水分含量與土壤

土壤所能保持的水量，稱為田間容水量（pF1.8），而此數值與作物枯萎的永久凋萎點（pF4.2）之間的差，就是有效水分；有效水分的量會隨著土壤的種類而不同，如圖3－10所示。砂石的顆粒較大，因此有效水分較少，但是在顆粒大小不一的土壤中，有效水分則會變大。

至於由小顆粒的黏土構成的埴土，有效水分則會稍微變小。

即使從保水力的觀點來看，也能得知有各種大小不一的顆粒混雜的土壤，比較適合作物生長。

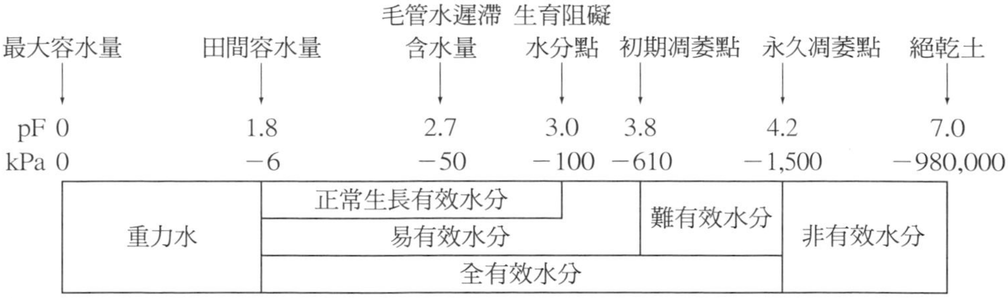
毛管水遲滯 生育阻礙
最大容水量
田間容水量
含水量
水分點
初期凋萎點
永久凋萎點
絕乾土
pF 0
1.8
2.7
3.0
3.8
4.2
7.0
kPa 0
−6
−50
−100
−610
−1,500
−980,000
重力水
正常生長有效水分
易有效水分
全有效水分
難有效水分
非有效水分

圖3-9 從作物吸收的水分推知的土壤水分 （松中、2003）

最大容水量：土壤所能蓄積的水分最大量，相當於全孔隙量
田間容水量：旱田土壤在抵抗重力的狀態下所能蓄積的最大水分量
永久凋萎點：植物枯萎，已經無法恢復時的水分狀態

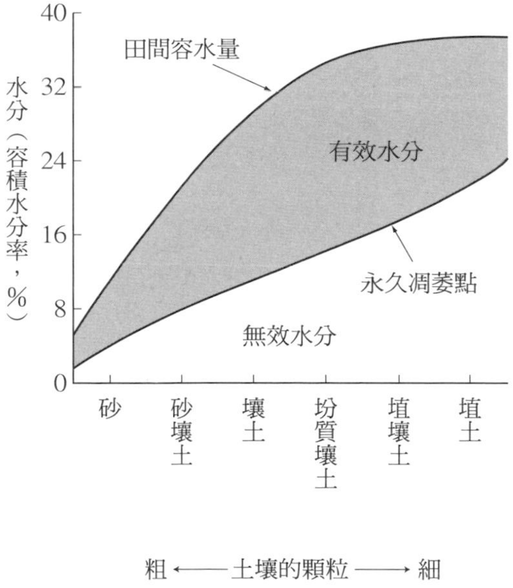
40
32
24
16
8
0
水分（容積水分率，%）
田間容水量
有效水分
永久凋萎點
無效水分
砂
砂壤土
壤土
坋質壤土
埴壤土
埴土
粗 ←—— 土壤的顆粒 ——→ 細

圖3-10 土壤顆粒與有效水分
（Brady and Weil、2002）

6 保肥力

(1) 何謂保肥力

在養液栽培時，作物能夠立刻吸收施肥的肥料，但是在土壤栽培中，大多時候肥料都會先被土吸附，作物再從土裡吸收養分。養液栽培就像是錢包裡一有錢就馬上拿出來用，但土耕栽培就像是先把錢存進銀行，再用提款卡提出來使用一樣。這個宛如銀行的功能，就叫做保肥力，一般以陽離子交換能力（CEC）來表示。

(2) 保肥力的結構——陽離子交換能力（CEC）

土壤有許多隻在電流上屬於負的手（帶有負電荷）。其原因有二：第一是因為土壤的主要成分——矽和鋁與氧結合之後，也擁有負的手；第二則是因為土壤中腐植質所含的羧基與苯酚羥基的手也都是負的。

相對於此，許多肥料成分在溶於水後，便會成為擁有正的手（帶有正電荷）的陽離子，因此會被土壤擁有的負的手所吸附。

土壤吸附陽離子並維持的能力，叫做陽離子交換能力，是一種表示保肥力的數值（圖3－11）。

陽離子交換能力亦可稱為CEC（Cation Exchange Capacity）或鹽基置換容量，可表示100g的土壤所帶有的負電（負電荷量）相當於多少毫克（meq）。陽離子交換能力愈大，土壤中所含的陽離子就愈多，保肥力也就愈大（圖3－12）。CEC數值的大小，會隨著土性、腐植質的量以及黏土礦

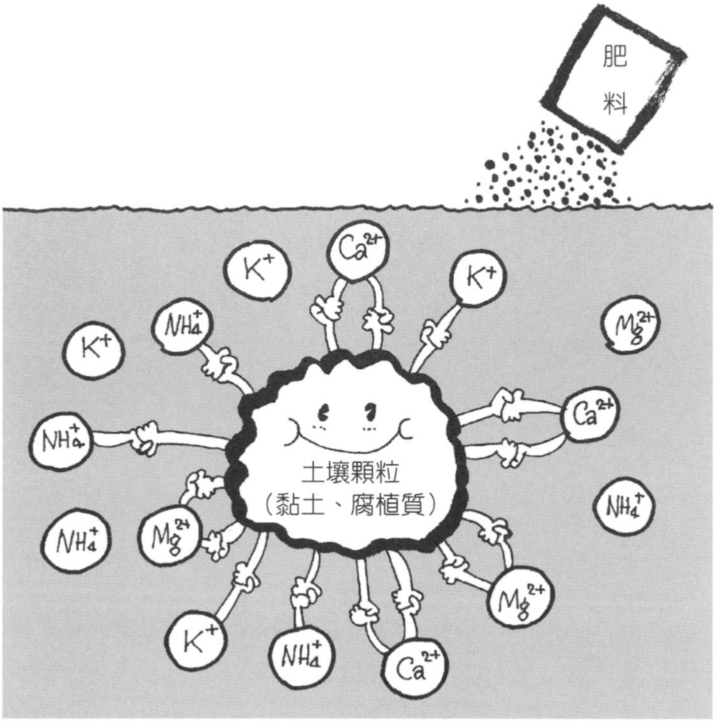
肥
料
Ca^{2+}
K^+
K^+
NH_4^+
Mg^{2+}
K^+
Ca^{2+}
NH_4^+
土壤顆粒
(黏土、腐植質)
NH_4^+
NH_4^+
Mg^{2+}
Mg^{2+}
K^+
NH_4^+
Ca^{2+}

圖3-11　陽離子交換能力（CEC）

鹽基（陽離子）

$=\left[\begin{array}{l}Ca^{2+}\text{：石灰、}Mg^{2+}\text{：鎂}\longrightarrow\text{會用2隻手和2價離子相連}\\K^{+}\text{：鉀、}NH_4^{+}\text{：銨}\longrightarrow\text{會用1隻手和1價離子相連}\end{array}\right.$

土壤每100g的手的數量，就是CEC，以meq/100g或cmol(+)kg^{-1}表示

物的種類而定。

陽離子交換能力就像是土壤養分的銀行，陽離子交換能力愈大，就能存進愈多的錢（保肥力）。品質良好的土壤，數值大約是15meq/100g 以上。

（3）陽離子的比例（鹽基平衡）也很重要

如上所述，土壤顆粒中的鈣、鎂、鉀、銨等，都是能吸附並維持作物所需肥料養分的陽離子。然而除了量之外，維持各種陽離子比例的平衡，對作物的生長也很重要；而這就是所謂的鹽基平衡。

CEC中鈣、鎂、鉀三者的總和，就叫做鹽基飽和度。當鹽基飽和度達到80％，就表示CEC中的離子當中，上述三者的離子佔了80％。鹽基飽和度與pH的關係密切（圖3—13）。

（4）保肥力大的土壤與保肥力小的土壤

保肥力（陽離子交換能力）與保水力相同，在砂石中較小，在多為黏土或腐植質的土壤裡較大。黏土的種類也會影響保肥力，如高嶺石、禾樂石則保肥力較小，蒙脫石（此處原文為「キンモリロナイト」，應為「モンモリロナイト」之誤植）、蛭石則比較大。

保肥力受到腐植質的影響更大；在保肥力小的土壤中加入堆肥，便能增加腐植質，提高保肥力。此外，亦可以黏土為客土，或是透過牧草栽培，增加土壤的團粒構造，也很有效。

其實土壤並非完全無法吸附像硝酸根離子或磷酸根離子這些帶有負電荷的陰離子。

火山灰土壤中富含的氧化鋁pH值小，有時會帶有正電荷，因此可被吸附。此現象稱為陰離子交換能力（Anion Exchange Capacity），但除了熱帶地區風化嚴重的土壤之外，幾乎不會見到。

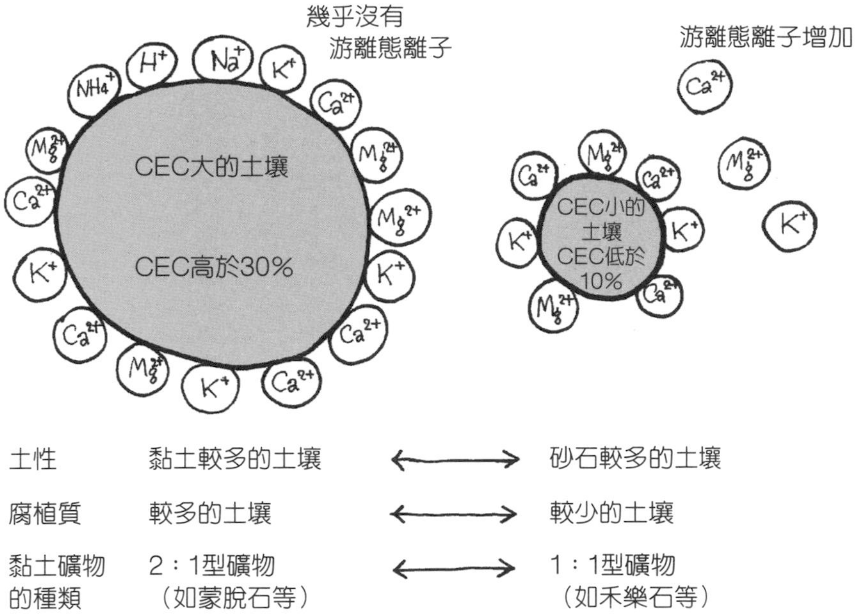
幾乎沒有
游離態離子
游離態離子增加
CEC大的土壤
CEC高於30%
CEC小的
土壤
CEC低於
10%
NH_4^+
H^+
Na^+
K^+
Ca^{2+}
Mg^{2+}
土性
黏土較多的土壤
砂石較多的土壤
腐植質
較多的土壤
較少的土壤
黏土礦物
的種類
2：1型礦物
（如蒙脫石等）
1：1型礦物
（如禾樂石等）

圖3-12　CEC的大小及其因素

CEC大，則能吸附許多陽離子，CEC小，吸附量就會變少，剩餘的鹽基就會形成離子，溶解至土壤溶液中，容易流失。

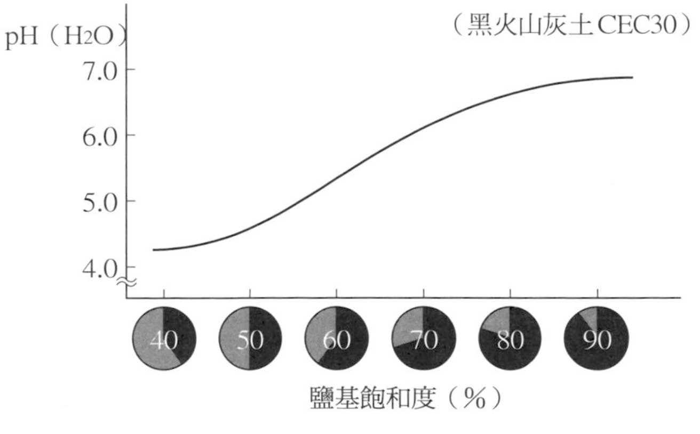
pH（H_2O）
（黑火山灰土CEC30）
7.0
6.0
5.0
4.0
40
50
60
70
80
90
鹽基飽和度（%）

圖3-13　鹽基飽和度與pH值的關係

中性（pH6.5～7.0）的土壤鹽基飽和度一般在80%以上

7 氣溫與地溫

(1) 一天中的日照強度與氣溫變化

正如同其他在太陽下生活的陸地生物一般，土在一天之內的生活也富有許多變化。圖3－14是晝夜時間幾乎相等的秋分時節，一天的氣溫與日照強度變化。如圖所示，日照強度和氣溫變化有著些微的變化。

這樣的關係也可在氣溫與地溫之間看見。不過熱在土中的傳導速度較慢，再加上地球內部也有熱散發出來，因此熱在地表的進出變化雖然劇烈，地溫卻能維持穩定。

(2) 一天中地表附近的溫度變化

圖3－15顯示土壤中的溫度變化。

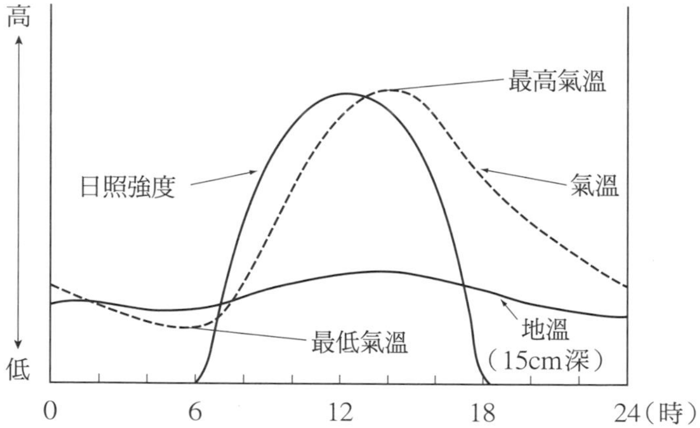

高
低
最高氣溫
日照強度
氣溫
地溫
（15cm深）
最低氣溫
0
6
12
18
24（時）

圖3-14　1天的日照強度與氣溫變化

地表因為直接接受太陽能（這裡指的是熱能），所以溫度會迅速上升。但是有一部份的熱會在空中散開，或是漸漸往地面下竄去。另外，當環境裡含有適量的水分時，大部分的熱都會成為水的蒸發熱（譯註：汽化熱）而消失，溫度幾乎不會變化。

另外，隨著太陽愈昇愈高，地表所接受的熱能量也會增加，熱往地底傳遞，使得地面下的溫度也開始上升。

到了下午，地表所承受的熱便開始漸漸減少；到了晚上，地表的地溫甚至會變得比地面下還低。

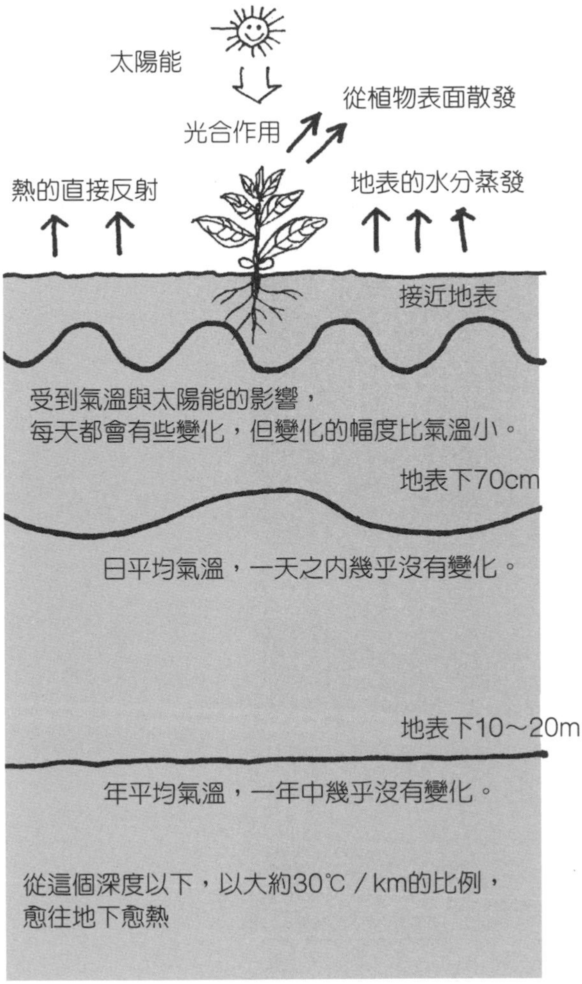

太陽能
光合作用
從植物表面散發
熱的直接反射
地表的水分蒸發
接近地表
受到氣溫與太陽能的影響，
每天都會有些變化，但變化的幅度比氣溫小。
地表下70cm
日平均氣溫，一天之內幾乎沒有變化。
地表下10～20m
年平均氣溫，一年中幾乎沒有變化。
從這個深度以下，以大約30℃／km的比例，
愈往地下愈熱

圖3-15　地底的溫度變化

(3) 下層地溫變化

在一天之內，熱能影響的範圍大約會到地表下70cm左右，在這個範圍內，一整天的溫度幾乎相同。

然而在日本，日平均氣溫會隨著四季變化而逐漸改變，因此地表下70 cm的地溫也會以年為單位產生些微的變化。一整年當中地溫都不會變化的深度，大約是地表下10～20 m；在此深度以下，則會因為受到地熱的影響，每深1 km地溫就會上升大約30℃。

(4) 氣溫和地溫對土壤的影響

氣溫和地溫會影響微生物的生活，間接影響土壤有機物分解或合成的速度。另外，對於不進行光合作用的微生物來說，比起光線，它們更容易受到熱（地溫）的影響，因此反應速度會隨著地溫一天的變化而不同。

從地表傳來的能量，也會對岩石的風化造成極大的影響。沙漠的沙粒表層每天都必須承受攝氏好幾十度的溫差，因此岩石會受到物理性的破壞。無論是什麼種類的岩石，都會因為溫度或水分變化而逐漸成為細微的顆粒，此時植物開始生長，分解也會日益加劇。

降雨或灌溉水對土壤水分含量變化的影響，也會影響土壤中的微生物、小動物的活動，進而促使腐植質的生成與消耗也產生變化。

整地翻土也會讓土壤中的成分改變，加速有機物分解或養分的流失。而蚯蚓吃下的土，在一夜之間就能成為團粒構造發達的土。土壤就是因為上述各種面向的因素不斷變化。

8 適合栽培作物的土壤

(1) 何謂優質土壤？

大家經常說「優質土壤栽培出的農作物比較健康，營養價值也比較高」。可是，就算是沒有使用土壤的養液栽培，只要設定好適切的養分和環境，一樣能生產出美味營養的農作物。那麼「優質土壤」指的究竟是什麼呢？

先不論會大幅影響作物品質的品種因素，只要將土壤的物理環境打造妥善，讓作物的根部可以充分生長，同時適切地維持土壤的化學性，施加最適合作物生長的肥料，就能生產出高品質的農作物。另外，只要土壤微生物豐富又多樣，就能適度地分解進入土壤中的異物。符合以上條件的土壤，就是所謂的「優質土壤」（圖3—16）。

(2) 適合栽種作物的土壤有何條件

讓我們再具體地看看何謂適合作物生長的條件（圖3—17）。

從物理性的角度來看，①耕土鬆軟，以硬度計測定時，表層約為15 mm，下層約為18 mm，②在旱田土壤，土壤三相應分別為固相率40％、氣相率30％、液相率30％左右。

從化學性的角度來看，③土壤的pH值須呈微酸性，約為5.5～6.5，④吸附肥料成分的陽離子交換能力須為20～30meq/100g左右，⑤陽離子交換能力應為50％為鈣、20％為鎂、10％為鉀，⑥有效磷酸含量須為10mg/100g以上，⑦土壤中的腐植質含量應為3～4％，⑧適度含有各種微量元素，⑨不含重金屬或殘留農藥等對人體或作物有害的物質。

從微生物的角度來看，⑩有種類多樣的土壤生物棲息其中，有機物分解能力佳，淨化作用強。

符合上述所有條件的土壤，就是適合作物生長的土壤。上述條件有許多都能透過土壤診斷來判斷，因此定期進行土壤診斷非常重要。

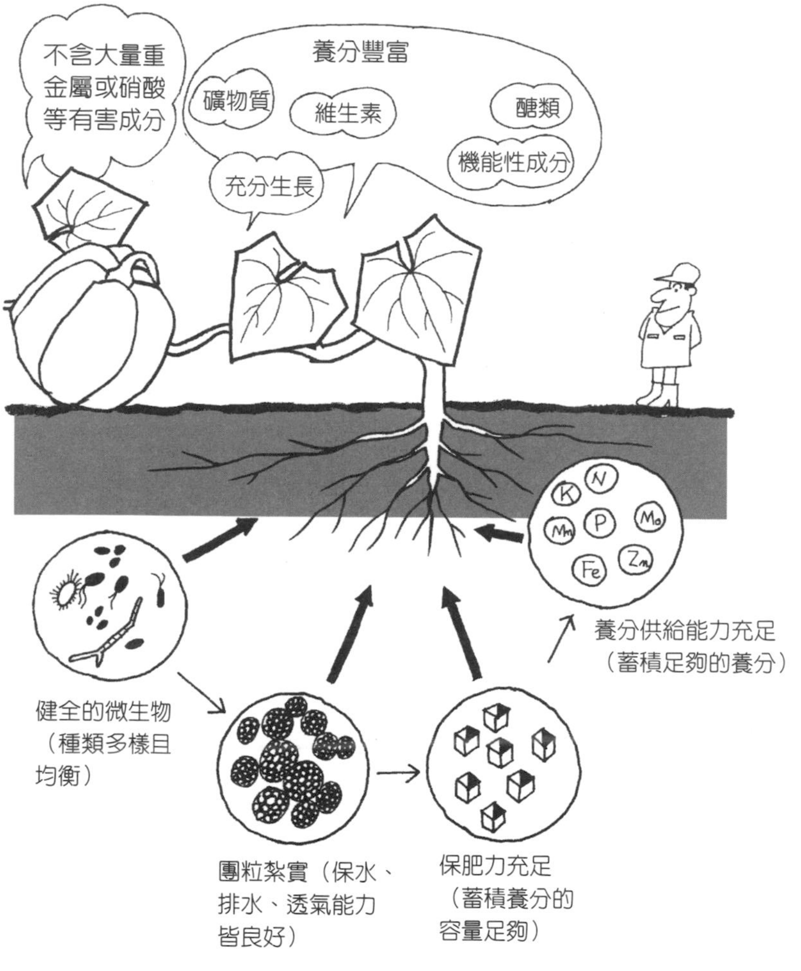

不含大量重金屬或硝酸等有害成分
養分豐富
礦物質
維生素
醣類
機能性成分
充分生長
K
N
P
Mn
Mo
Fe
Zn
養分供給能力充足（蓄積足夠的養分）
健全的微生物（種類多樣且均衡）
團粒紮實（保水、排水、透氣能力皆良好）
保肥力充足（蓄積養分的容量足夠）

圖3-16　優質土壤的條件

〈游離鐵（Fe_2O_3）〉

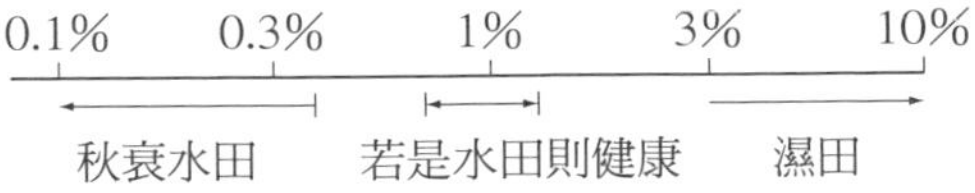
0.1%
0.3%
1%
3%
10%
秋衰水田
若是水田則健康
濕田

〈鹽基飽和度〉
（以360度的圓表示整體CEC）

飽和度	判定
100%以上	過剩
80%左右	良好
60～80%	略為不足
50%以下	酸性土壤

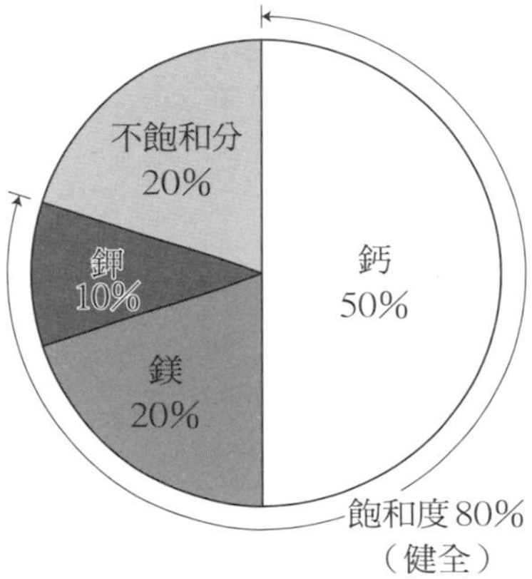
不飽和分
20%
鉀
10%
鎂
20%
鈣
50%
飽和度80%
（健全）

可交換性陽離子的組成（質）遠比量重要。一般而言，CEC的飽和度若達80%，最理想的pH則為6.5。但假如飽和到100%，則會變成弱鹼性。

〈有效矽酸（SiO_2mg/100g）〉

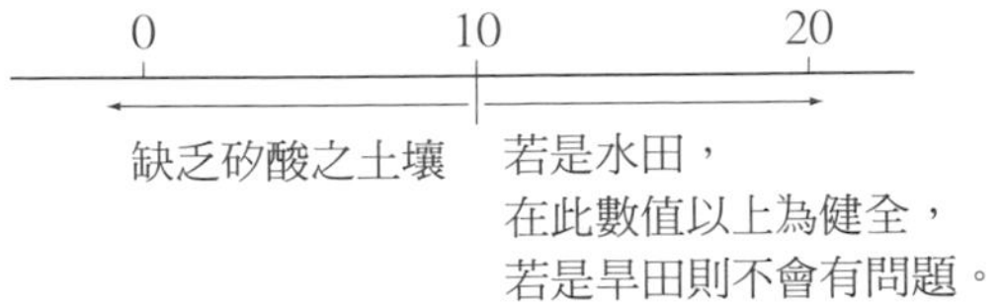
0
10
20
缺乏矽酸之土壤
若是水田，
在此數值以上為健全，
若是旱田則不會有問題。

在水田中鐵和矽酸也很重要

【生物性】

〈菌数〉

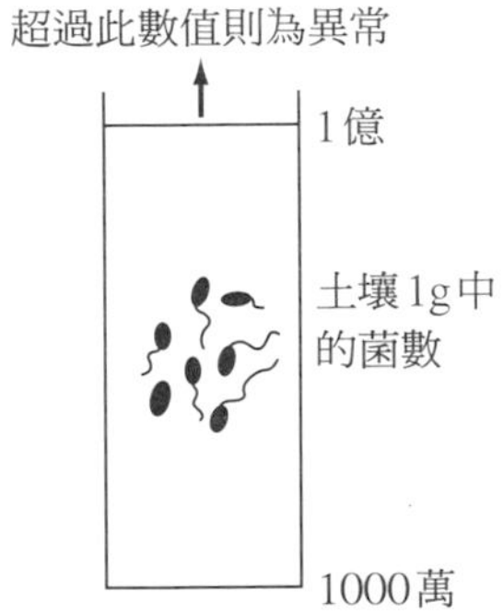
超過此數值則為異常
1億
土壤1g中
的菌數
1000萬

在旱田中，好氧菌與厭氧菌的比例約為20～50：1左右

〈菌種〉

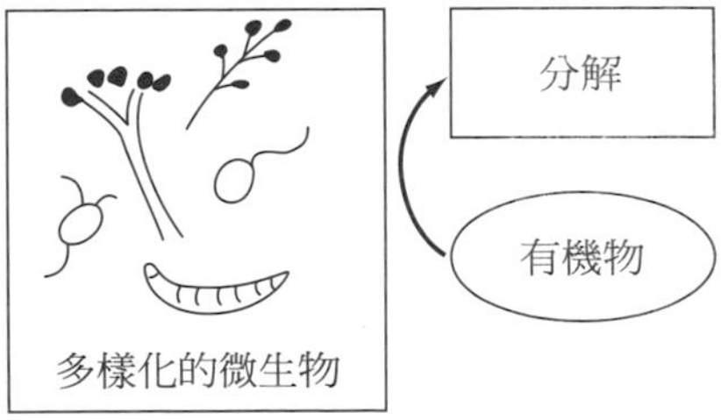
多樣化的微生物
分解
有機物

多種微生物棲息之地

圖3-17　適合作物生長的土壤條件

【物理性】

〈硬度〉

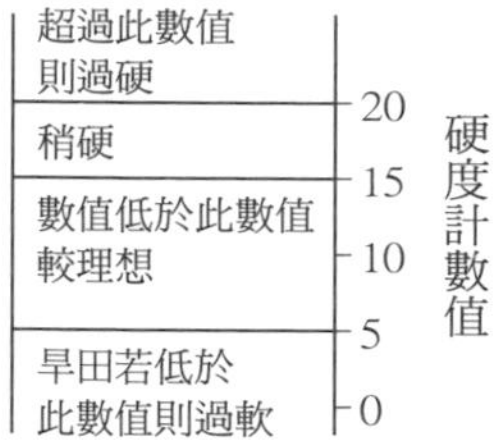
超過此數值
則過硬
稍硬
數值低於此數值
較理想
旱田若低於
此數值則過軟
20
15
10
5
0
硬度計數值

〈三相分布〉

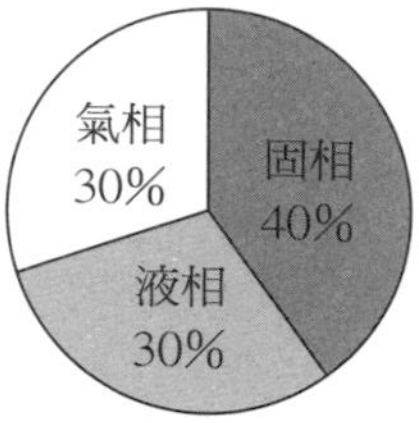
氣相
30%
固相
40%
液相
30%

固相	土的性質
50%以上	過硬
40%左右	良好
30%左右	過軟

團粒發達的旱田表土以此狀態最為健康，此狀態的容積密度（bulk density）為1。但氣相和液相的比例會因為乾燥的程度而改變。

【化學性】

〈pH〉

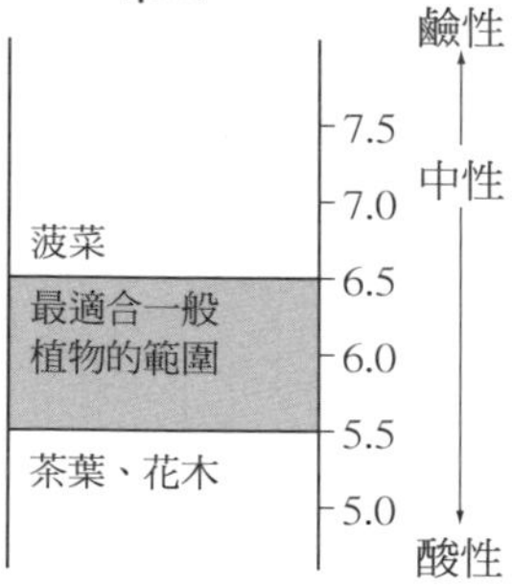
鹼性
7.5
中性
7.0
菠菜
6.5
最適合一般
植物的範圍
6.0
5.5
茶葉、花木
5.0
酸性

喜歡弱鹼性的菠菜與喜歡酸性的茶葉皆為例外

〈陽離子交換能力（CEC）保肥力〉

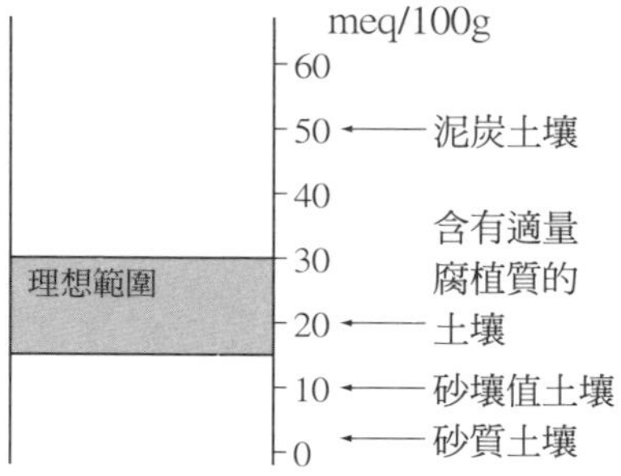
meq/100g
60
50
泥炭土壤
40
含有適量
腐植質的
土壤
30
理想範圍
20
10
砂壤值土壤
0
砂質土壤

即使超過30meq／100g也無妨

〈有效磷酸〉

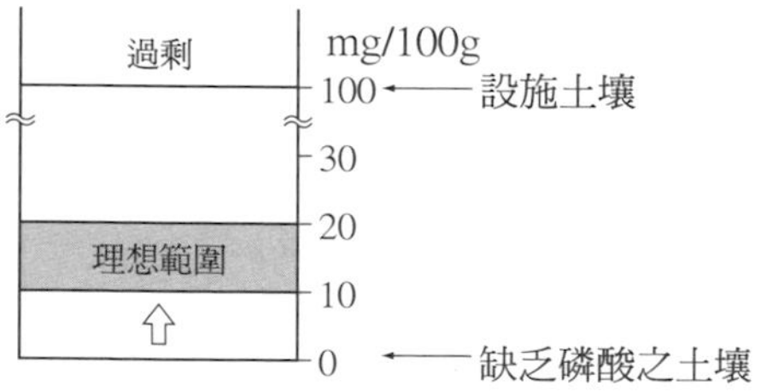
過剩
mg/100g
100
設施土壤
30
20
理想範圍
10
0
缺乏磷酸之土壤

磷酸應有10mg以上，
若超過100mg則為過剩。

〈腐植質含量〉

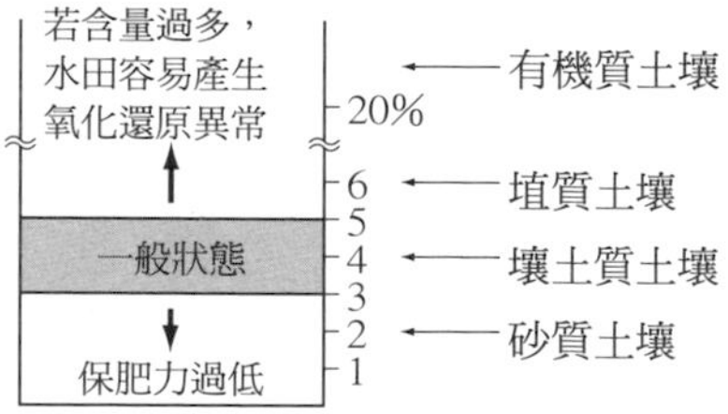
若含量過多，
水田容易產生
氧化還原異常
有機質土壤
20%
6
填質土壤
5
一般狀態
4
壤土質土壤
3
2
砂質土壤
1
保肥力過低

取決於腐植質量與黏土量，在砂地為2%以下。火山灰土壤中富含活性氧化鋁，容易堆積腐植質。

圖3-17　適合作物生長的土壤條件

9 作物的養分吸收

(1) 構成作物的養分元素

作物會透過吸收土壤中所含的氮、磷、鉀等多量元素、鈣、鎂等中量元素以及硼等微量元素而成長，但作物的身體大部分則是由水組成的。假如水分量佔75%，那麼剩下的25%則是乾物量（譯註：物體扣除水分之後的重量）。

乾物大部分是碳水化合物、蛋白質等有機物，燃燒後會形成二氧化碳和水（水蒸氣），但最後仍會留下無法燃燒的灰燼（約1.5%）。這些灰燼中含有鉀、鈣、鎂、矽、硫、氯、鐵、錳、鋅、銅、硼、鉬等在作物生長過程中不可或缺的無機元素（礦物）。

除此之外，灰裡也含有鋁、鎳、鍶、鉫等元素，只是目前還無法得知這些元素對作物的成長有什麼影響（圖3—18）。

(2) 根部吸收養分的方式

這些養分幾乎都由根部吸收，但目前還不明白其原理。各種養分在土壤中溶於水或弱酸之後，則氮會變成銨根離子或硝酸根離子，磷會變成磷酸根離子，鉀會變成鉀離子，也就是以離子的型態被吸收。

土壤中各種養分的離子即使數量稀少，也會被作物根部強大的吸收力吸收，因此需要許多能量；而這些能量的來源，便是藉由光合作用儲存在作物葉片或莖裡的澱粉。澱粉會轉換為醣類，送到根部，成為吸收養分所需的能源（圖3—19）。

假如光線不足，作物合成澱粉的能力就會衰退，送到根部的醣類也就跟著變少，如此一來根部的活性便會降低，吸收養分的效率變差。

（3）養分的選擇性吸收

即使是土壤溶液中濃度較低的養分離子，根部也會利用呼吸作用所得到的能量來抵抗滲透壓，吸收所需的離子。這就是所謂的選擇性吸收。

這是因為作物體內有一種稱為運輸蛋白（transporter）的蛋白質，可以挑選養分並送進體內，讓作物吸收必要的養分，再送至必要的地方。

要選擇什麼離子來吸收，通常會因作物的種類而異，不過大部分的作物依序為鉀（K）＞鈣（Ca）＞鎂（Mg）＞鈉（Na）。這是在作物成長過程中的重要順序，尤其是鉀，被吸收的量比氮還多。

（4）根部的生長速度與生長量

作物的根會在土壤中一邊尋找養分，一邊不斷生長，而根部生長的速度十分驚人，例如小麥發芽後只需40～50天，根就能長到1公尺。

根會在土中長出許多支根與細根，據說在一株小麥收成時，根部合計總長將達數百公里，根毛總數則有好幾億。

如此驚人的生長力，全都由根部末端的分裂細胞進行，而根毛最密集的部份，則負責吸收養分與水分（圖3—19）。

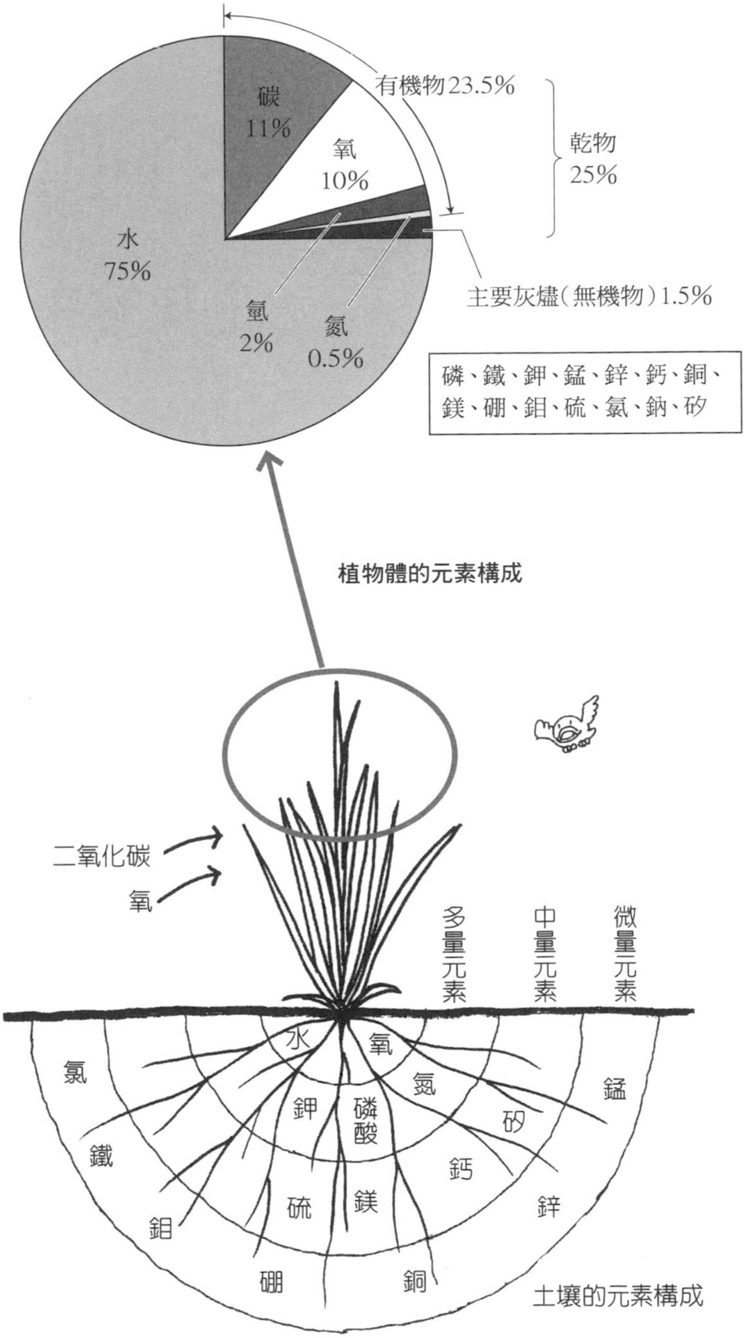

碳
11%
有機物23.5%
氧
10%
乾物
25%
水
75%
主要灰爐(無機物)1.5%
氫
2%
氮
0.5%
磷、鐵、鉀、錳、鋅、鈣、銅、
鎂、硼、鉬、硫、氯、鈉、矽
植物體的元素構成
二氧化碳
氧
多量元素
中量元素
微量元素
水
氧
氯
氮
錳
鉀
磷酸
矽
鐵
鈣
硫
鎂
鋅
鉬
硼
銅
土壤的元素構成

圖3-18　土壤與植物體的元素構成

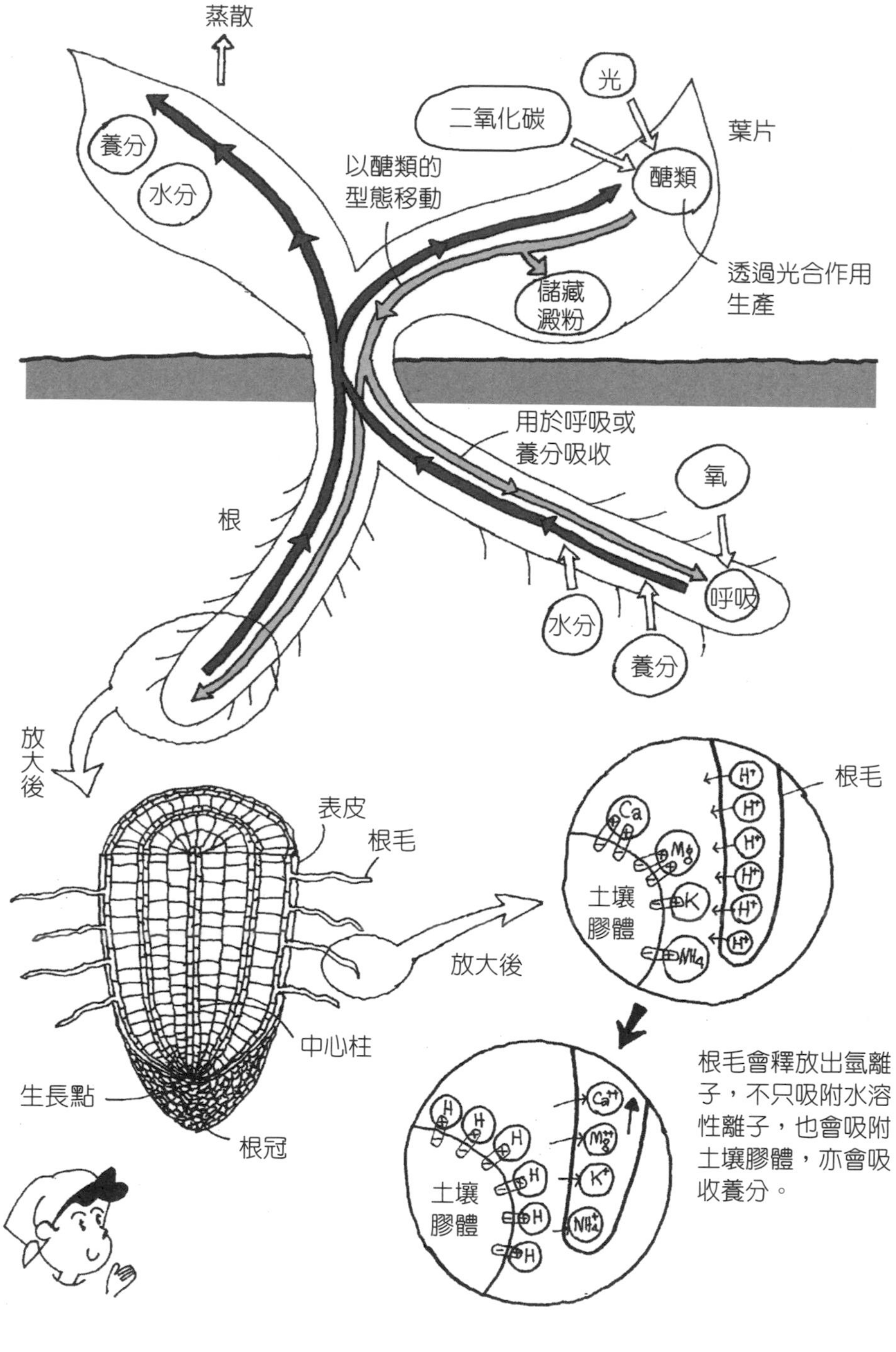
蒸散
光
二氧化碳
葉片
養分
水分
以醣類的
型態移動
醣類
儲藏
澱粉
透過光合作用
生產
用於呼吸或
養分吸收
氧
根
呼吸
水分
養分
放大後
根毛
表皮
根毛
Ca
Mg
K
NH_4
H^+
土壤
膠體
放大後
中心柱
生長點
根冠
Ca^{++}
Mg^{++}
K^+
NH_4^+
H
土壤
膠體
根毛會釋放出氫離
子，不只吸附水溶
性離子，也會吸附
土壤膠體，亦會吸
收養分。

圖3-19　植物的養分吸收

10 土壤pH與作物的生長

(1) 適合作物生長的土壤pH值

土壤的pH值對作物的生長有很大的影響。日本因為多雨，進行露天栽培時，鹽基容易因為淋溶作用而酸化，但在有屋頂遮雨的栽培設施中，則容易累積鹽類，使得土壤鹼化。

土壤pH值不但會影響土壤中各種元素的溶解性，也會影響微生物。一旦土壤酸化（pH值降低），絲狀真菌就會優先生長，而絲狀真菌中有許多如鐮刀菌的作物病原菌，因此必須特別注意土壤病害。此外，pH值一旦降低，也會抑制生長，尤其是與吸收氮密不可分的硝化菌更是容易受到影響，使作物成長狀況不佳（圖3－20）。

一般而言，最適合作物生長的pH值為5.5～6.5，但是隨著作物的不同，此數值也會有很大的差異（圖3－21）。通常水田或旱田的適當pH值為6.0～6.5，果園的適當pH值為5.5～6.5，茶園的適當pH值為4.0～5.5。

(2) 土壤pH值與元素的溶解

土壤中的元素是否容易被溶解，會因為pH值而異（圖3－22）。

酸性過強時，鋁和錳便容易溶解。所謂耐酸性的作物，就是即使這些成分較多，也不會受到負面影響的作物；而所謂不耐酸性的作物，則需要較多鈣、鎂等不易溶於酸性的元素。

若pH值變低，鋁和鐵等變得更容易溶解，土壤溶液中這些元素的離子便會增加，而這些離子一旦

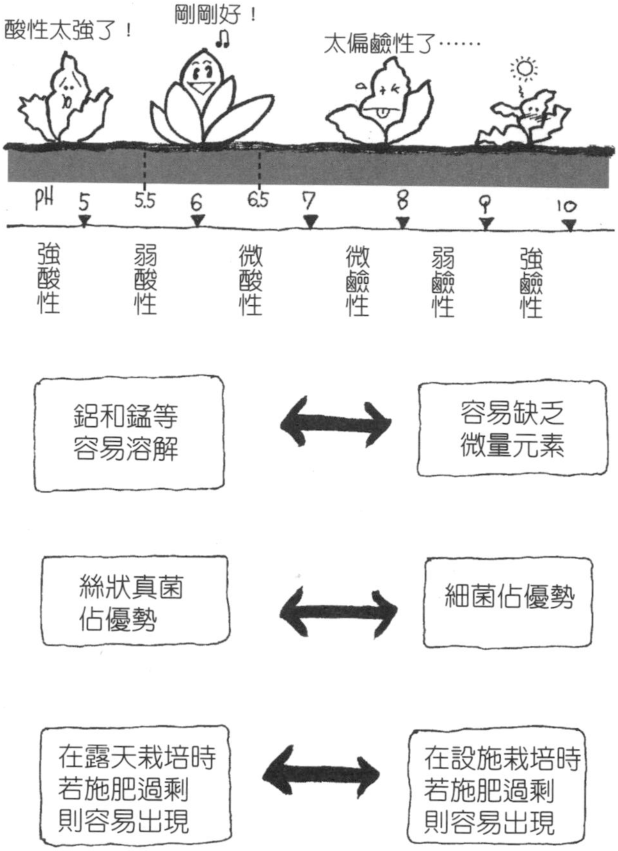
酸性太強了！
剛剛好！
太偏鹼性了……
pH
5
5.5
6
6.5
7
8
9
10
強酸性
弱酸性
微酸性
微鹼性
弱鹼性
強鹼性
鋁和錳等容易溶解
容易缺乏微量元素
絲狀真菌佔優勢
細菌佔優勢
在露天栽培時若施肥過剩則容易出現
在設施栽培時若施肥過剩則容易出現

圖3-20　pH值與作物生長

與磷酸根離子結合，便會形成難溶性化合物，作物可能會出現缺磷的問題。

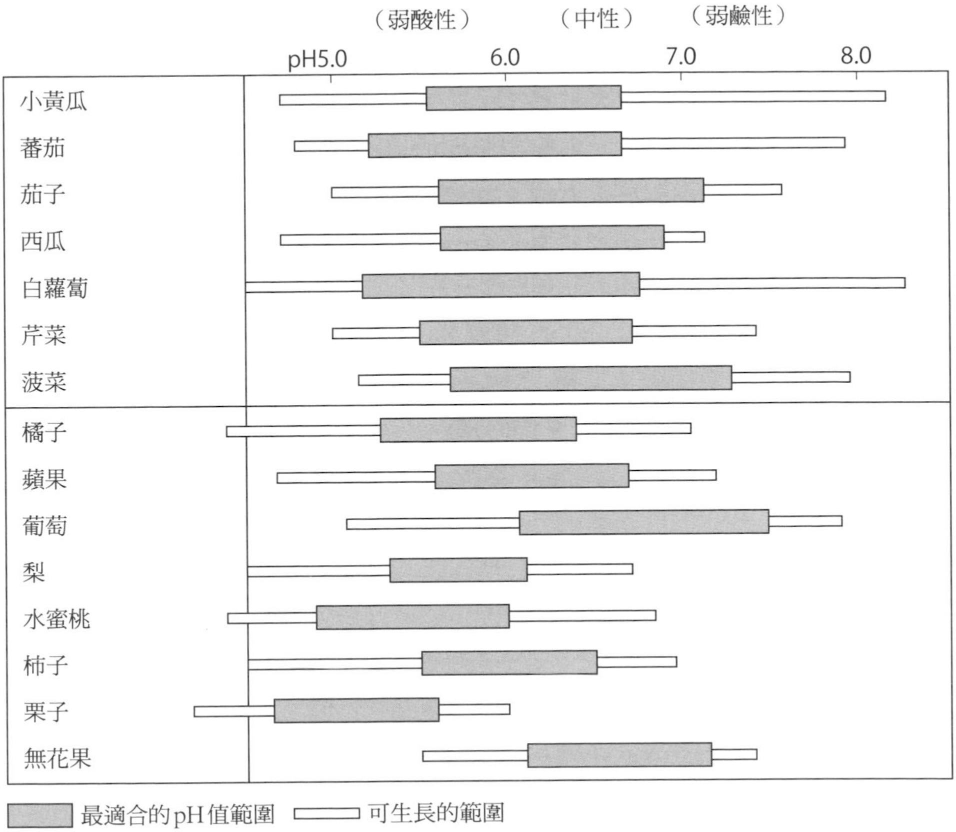
（弱酸性）
（中性）
（弱鹼性）
pH5.0
6.0
7.0
8.0
小黃瓜
蕃茄
茄子
西瓜
白蘿蔔
芹菜
菠菜
橘子
蘋果
葡萄
梨
水蜜桃
柿子
栗子
無花果
最適合的pH值範圍
可生長的範圍

圖3-21　適合作物生長的pH值

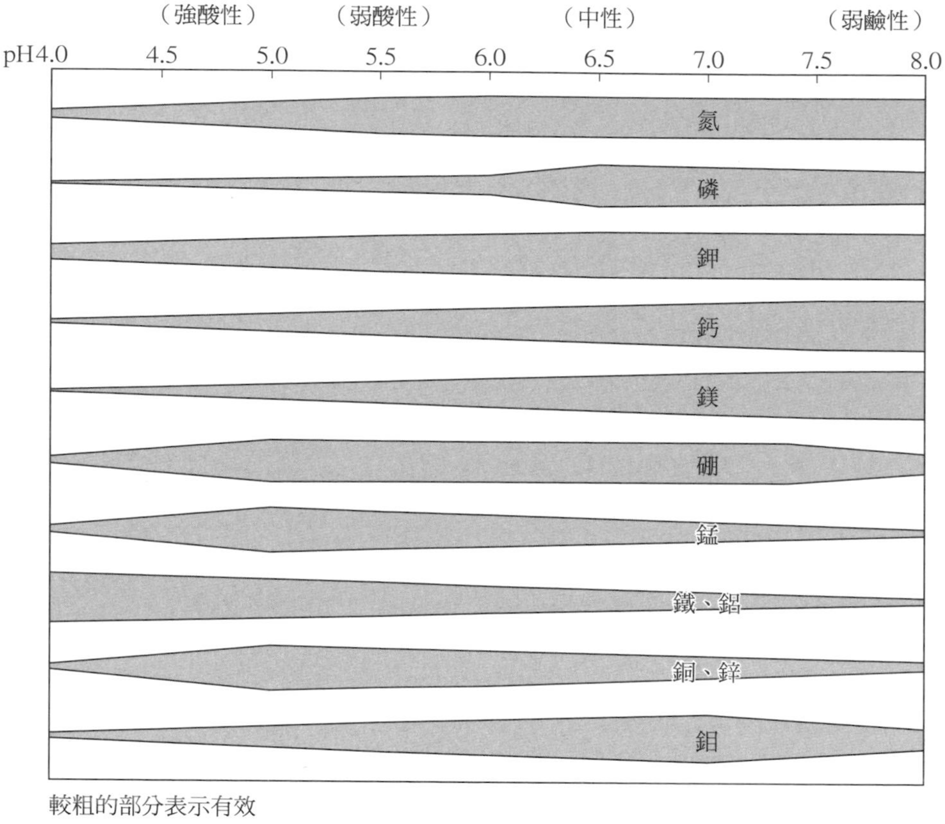
（強酸性）
（弱酸性）
（中性）
（弱鹼性）
pH4.0
4.5
5.0
5.5
6.0
6.5
7.0
7.5
8.0
氮
磷
鉀
鈣
鎂
硼
錳
鐵、鋁
銅、鋅
鉬
較粗的部分表示有效

圖3-22　土壤pH值與各種元素的溶解性　（Truog）

第4章

土壤是活的！

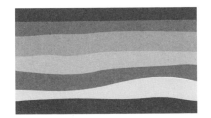

1 土壤中的棲息者

(1) 土壤與土壤生物的作用

土壤之所以具有淨化作用，是因為土壤中棲息著各種生物，能分解進入土壤中的有機物，進行各種物質轉換，就連二氧化碳和礦物質都可以分解。

但是土壤生物不只能淨化土壤。在土壤生成的初期階段，土壤生物肩負著土壤生成作用的責任，溶解土壤礦物、生成腐植質；等到土壤生成之後，則可提昇土壤的肥沃度、提供作物養分，成為作物生產的基本。

(2) 一日圓重的土壤裡約有一億個微生物

當我們一窺土壤內部，可以發現黏土礦物會因為腐植質而結合，形成團粒，而土壤微生物則利用空隙中的空氣和水棲息在土裡（圖4－1）。細菌類的數量佔絕大多數，而絲狀真菌由於體積較大，因此以重量來看的話則是絲狀真菌最多。

土壤中的有機物和腐植質一樣，是由這些棲息於土壤的生物和它們的遺體所形成的。棲息於土壤中的生物雖然只佔土壤有機物中的1％，但因為體積較小，因此數量非常多，和一日圓等重的土壤（乾土1g）裡，約有相當於日本總人口數（約一億）的微生物（圖4－2）。

（3）土壤生物質為700kg/10a

土壤生物的總和稱為土壤生物質（biomass），一般認為在旱田土壤中，每10a約有700kg；其中大約有70%為絲狀真菌，25%為細菌、放射菌，剩下的5%則為土壤動物。在水田土壤中，藻類和原生動物會增加，絲狀真菌則會減少。

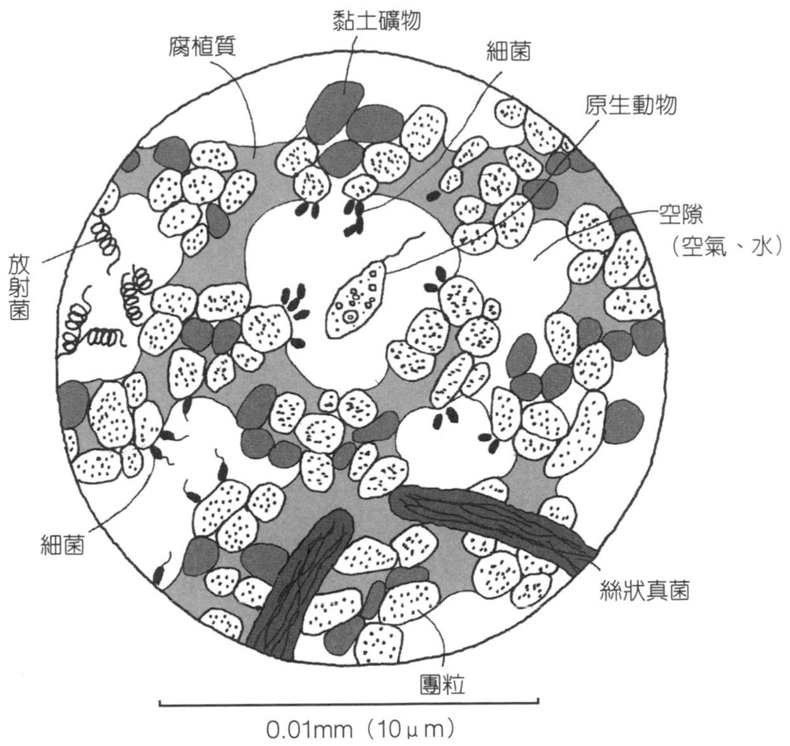

黏土礦物
腐植質
細菌
原生動物
空隙
（空氣、水）
放射菌
細菌
絲狀真菌
團粒
0.01mm（10μm）

圖4-1　土壤中微生物的棲息狀況（示意圖）

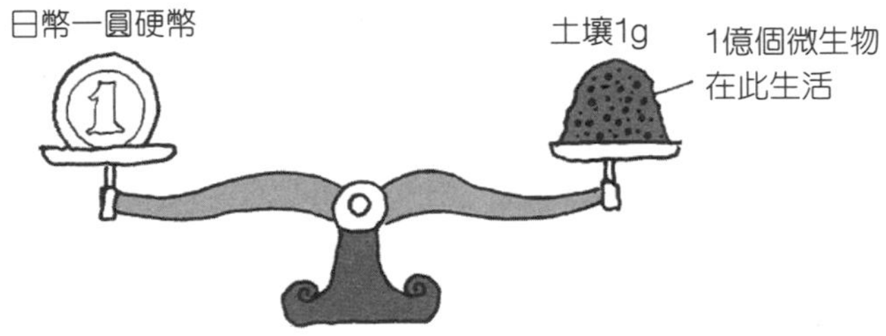

日幣一圓硬幣
土壤1g
1億個微生物
在此生活

圖4-2　在與日幣1圓硬幣等重的土壤裡，有1億個微生物

2 土壤生物的種類與數量

棲息在土壤中的生物，可以依大小分為土壤動物和土壤微生物。

圖4－3顯示出在$1m^2$、15cm深的農耕地表土中棲息的主要生物量，並以型態的概要與大小來分類。

(1) 土壤動物

土壤動物包括鼴鼠到原生動物，有各種大小，而土壤動物中最重要的就是蚯蚓和線蟲。

蚯蚓能改良土壤的物理性與化學性，使土壤變得更適合作物生長。蚯蚓數量多的土壤，就是有機物豐富的肥沃土壤，但缺點是蚯蚓一旦增加，以蚯蚓為食的鼴鼠也會跟著增加。

線蟲雖以土壤有機物或微生物為食，但也有如根腐線蟲一般寄生在植物根部，妨礙作物生長的線蟲。

(2) 土壤微生物

土壤微生物可分為細菌、放射菌、絲狀真菌、藻類及原生動物等五大類。

細菌（Bacteria） 土壤微生物中最小的生物，大小只有數μm以下。在耕地土壤中，每1g表層土壤中就有一百～一千萬左右的微生物，有時甚至可多達一億。在面積$1m^2$、深15cm的土壤中棲息

	種類	形態	大小	棲息在表土15cm以內的數量*	
				數量／m^2	重量g／m^2
土壤動物	蚯蚓		數mm～20cm	$10 \sim 10^2$	10～150
	跳蟲		數mm	$10^3 \sim 10^6$	0.5～1.5
	壁蝨		數mm	$10^3 \sim 10^6$	0.5～1.5
	線蟲		0.3～2mm	$10^6 \sim 10^7$	1～15

	種類	形態	大小	棲息在表土15cm以內的數量*	
				數量／m^2	重量g／m^2
土壤微生物	原生動物	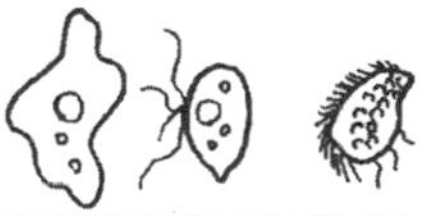 阿米巴原蟲 鞭毛蟲 纖毛蟲	10～100 μm	$10^9 \sim 10^{10}$	2～20
	藻類	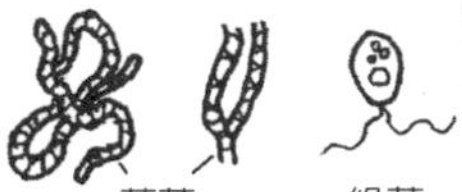 藍藻 綠藻	10 μm～1mm	$10^9 \sim 10^{10}$	1～50
	絲狀真菌	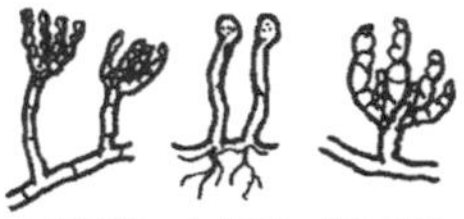 青黴菌 白黴菌 鐮刀菌	菌絲長度3～10 μm	$10^{10} \sim 10^{11}$	100～1,500
	放射菌	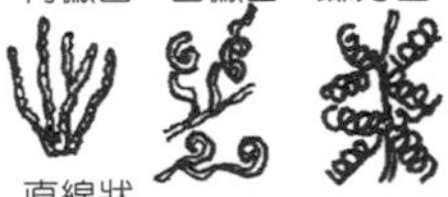 直線狀 螺旋狀 輪生狀	菌絲長度1 μm左右	$10^{12} \sim 10^{13}$	40～500
	細菌	 桿菌 球菌 螺旋菌	1 μm左右	$10^{13} \sim 10^{14}$	40～500

圖4-3　土壤生物的種類與棲息於1m2、深15cm土壤中的數量

＊生物數量與重量資料來源為Brady and Weil，2002

的微生物，更是多達十兆～一百兆。細菌對物質循環有很大的助益，透過分解有機物，進行碳循環以及硝化作用與脫氮作用等氮循環。

絲狀真菌（黴菌）　型態多樣化，蕈菇與酵母也屬於此類。絲狀真菌是由菌絲和孢子所組成，菌絲的大小約為直徑3～10μm，相較之下比細菌大。絲狀真菌在每1g耕地表土中約有一萬～十萬（每1m^2約有一百億～一千億）。雖然數量比細菌少，但因為擁有長長的菌絲，因此重量遠比細菌重。對於分解土壤中的有機物貢獻最大。

放射菌　具有介於細菌與絲狀真菌中間的型態與性質，屬於微生物，被歸類為細菌類。每1g耕地表土中約有十萬～一百萬（每1m^2約有一兆～十兆）。放射菌對分解有機物貢獻良多，也會生產許多抗生物質，因此經常被用來當作微生物資材。

這些微生物會隨著土壤的環境產生各種變化。例如水田因為湛水而氧氣供應量受限時，絲狀真菌和放射菌就會減少，細菌、藻類以及厭氧菌便會增加。

想要增加土壤微生物，就必須改善土壤環境，施加有機物。

3 蚯蚓的作用

日本的蚯蚓長度大多為數公分，最大也只有大約20公分左右，但是外國有些種類甚至可達一公尺以上。蚯蚓會直接吃掉含有有機物的土壤，一邊排出糞便，一邊前進。蚯蚓經過的地方會形成洞穴，於是土壤中的空隙就會增加，成為排水性及透氣性皆良好的優質土壤。

另外，蚯蚓會將土壤中的有機物和土壤一起吃進體內，在消化的時候分泌鈣質，而排出的糞便則是富含鈣質的粒狀，正好可以中和土壤，同時促進團粒構造形成。如此一來，微生物活性也會隨之提高，成為適合作物生長的土壤（圖4—4）。

蚯蚓的棲息數量會隨著氣候狀況和土壤管理而出現顯著的差異，根據統計，全世界平均每10 a的土壤，每年會有0.15～50t的蚯蚓。據說在日本的草地上，每10 a的土壤會有3.8t的蚯蚓。假如將這些蚯蚓平均分散在10 a的地表上，厚度為3 mm。

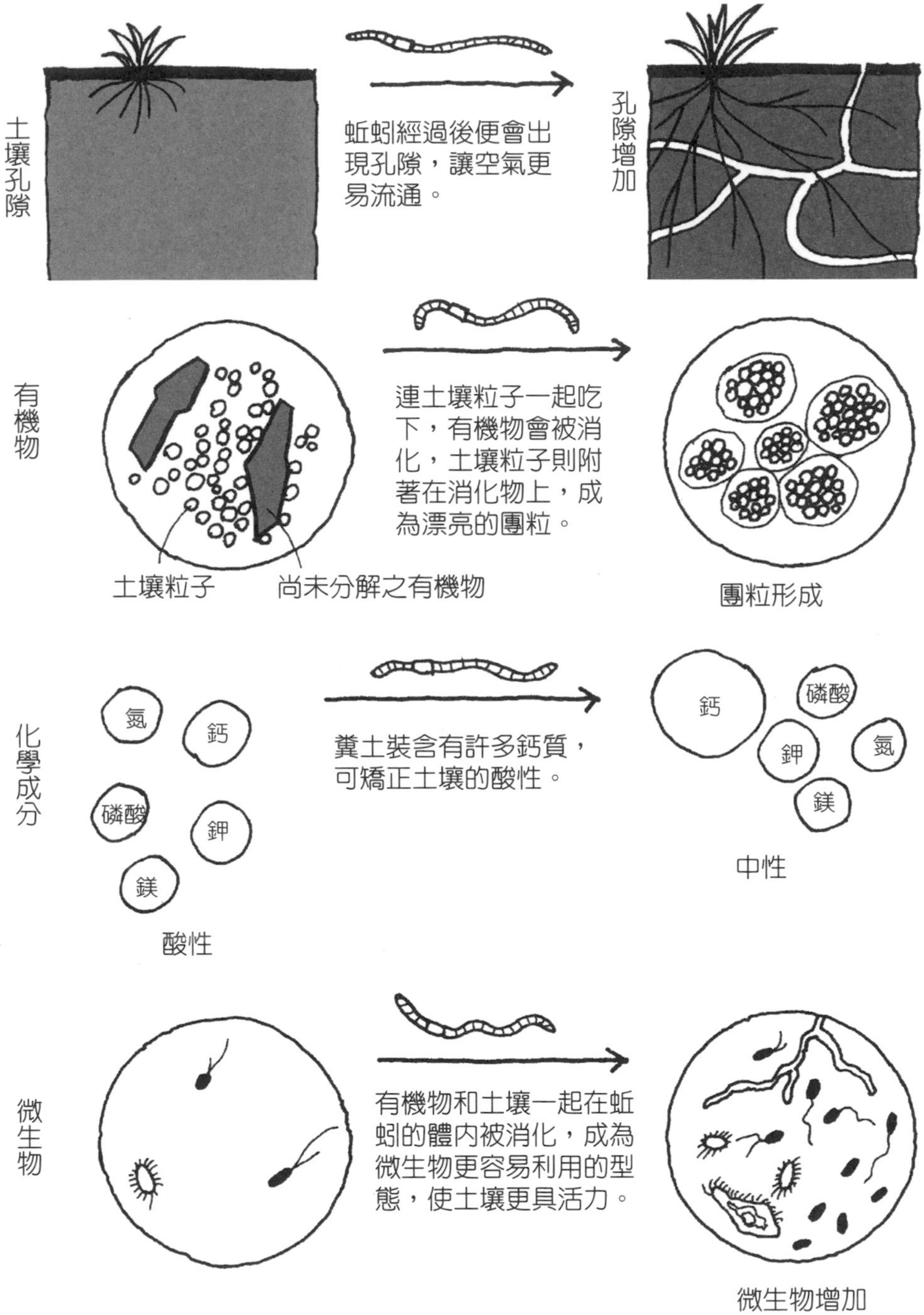
土壤孔隙
蚯蚓經過後便會出現孔隙，讓空氣更易流通。
孔隙增加
有機物
連土壤粒子一起吃下，有機物會被消化，土壤粒子則附著在消化物上，成為漂亮的團粒。
土壤粒子
尚未分解之有機物
團粒形成
化學成分
氮
鈣
磷酸
鉀
鎂
酸性
糞土裝含有許多鈣質，可矯正土壤的酸性。
鈣
磷酸
鉀
氮
鎂
中性
微生物
有機物和土壤一起在蚯蚓的體內被消化，成為微生物更容易利用的型態，使土壤更具活力。
微生物增加

圖4-4　蚯蚓的功能

4 土壤微生物的作用

藻類　藻類對旱田土壤的影響雖然不大，但是在水田的湛水期則會大量增殖，因為進行光合作用而促進碳固定，死掉之後還能成為土壤有機物的供給源。另外，某些藍藻類還會進行氮固定，提昇作物的生產能力（圖4—5）。

絲狀真菌　大多具備分解有機物的能力。分解纖維素及木質素等高分子有機物的能力也很強，其中還有許多像鐮刀菌類等能破壞植物組織的植物病原菌，因此頗不受歡迎。與蕈菇或植物共生的菌根菌也是絲狀真菌的一種。

細菌類　種類繁多，具有非常多樣化的功能，是物質循環的核心。雖與硫酸還原菌一樣，在缺鐵的老化水田中可能會造成水稻根部腐爛，但大部分的細菌都是有益的，與氮的狀態更是有著密不可分的關係。

作為肥料施肥的銨根離子之所以能變成硝酸根離子，就是因為硝化菌的作用。另外，有些細菌就像根瘤菌一樣可以固定空氣中的氮，有些則像脫氮菌一樣，在土壤表面下的還原層將硝酸態氮還原，使其變成氮氣，揮發至空氣中。

除此之外，許多細菌都能分解有機物，幫助土壤淨化，尤其是植物根部周圍（根圈），細菌的數量更是特別多。另外，也存在與根部有相似功能的溶磷菌。它能產生有機酸等螯合物，使土壤中的難溶性磷酸變得易於溶解，促進植物吸收磷酸的能力（圖4—5）。

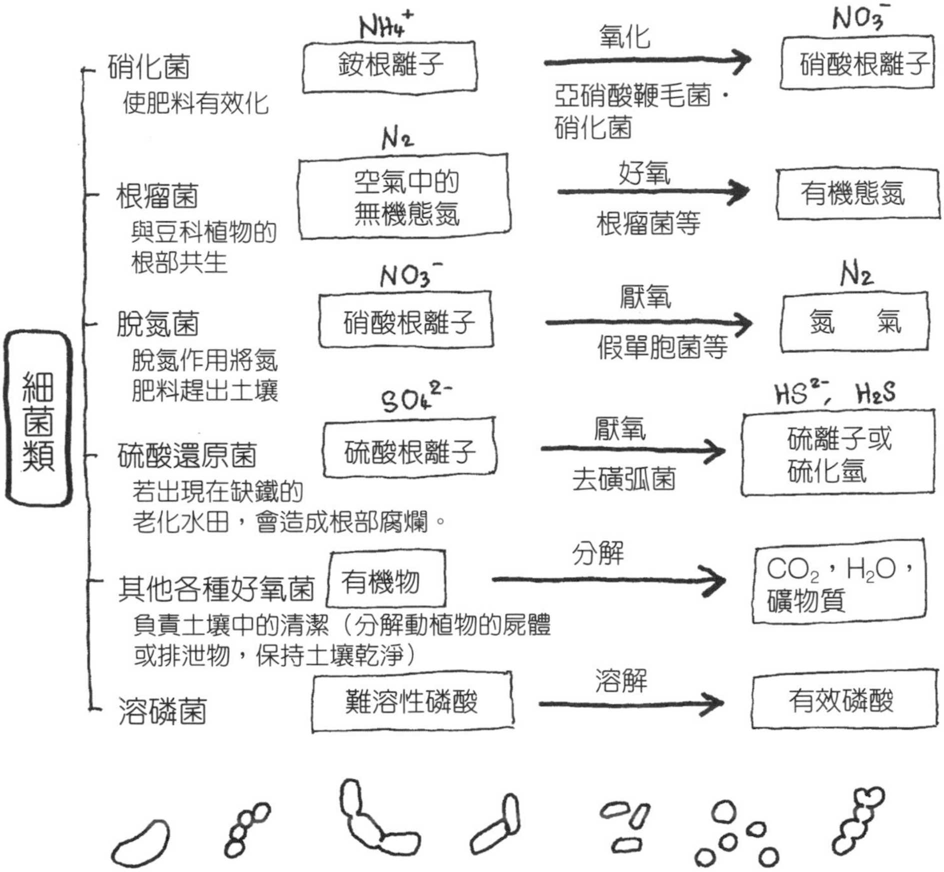
細菌類
硝化菌
使肥料有效化
NH_4^+
銨根離子
氧化
亞硝酸鞭毛菌・
硝化菌
NO_3^-
硝酸根離子
根瘤菌
與豆科植物的
根部共生
N_2
空氣中的
無機態氮
好氧
根瘤菌等
有機態氮
脫氮菌
脫氮作用將氮
肥料趕出土壤
NO_3^-
硝酸根離子
厭氧
假單胞菌等
N_2
氮 氣
硫酸還原菌
若出現在缺鐵的
老化水田，會造成根部腐爛。
SO_4^{2-}
硫酸根離子
厭氧
去磺弧菌
HS^{2-}, H_2S
硫離子或
硫化氫
其他各種好氧菌
負責土壤中的清潔（分解動植物的屍體
或排泄物，保持土壤乾淨）
有機物
分解
CO_2，H_2O，
礦物質
溶磷菌
難溶性磷酸
溶解
有效磷酸

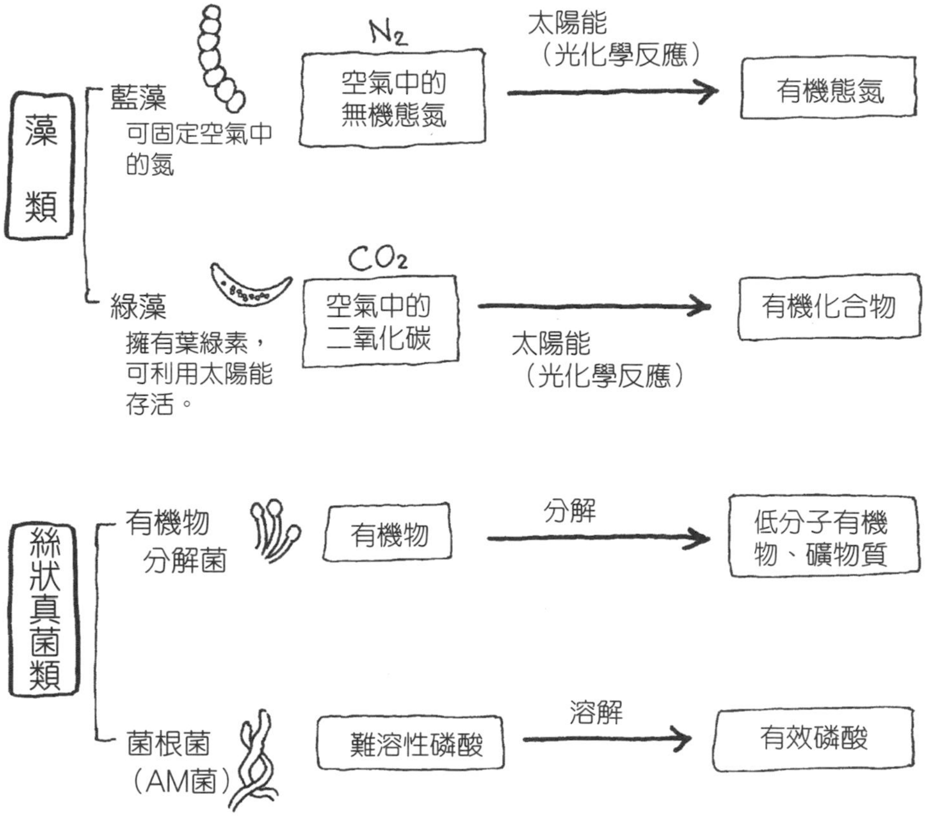
藻類
藍藻
可固定空氣中的氮
N_2
空氣中的無機態氮
太陽能（光化學反應）
有機態氮
綠藻
擁有葉綠素，可利用太陽能存活。
CO_2
空氣中的二氧化碳
太陽能（光化學反應）
有機化合物
絲狀真菌類
有機物分解菌
有機物
分解
低分子有機物、礦物質
菌根菌（AM菌）
難溶性磷酸
溶解
有效磷酸

圖4-5　土壤微生物的作用

5 菌根菌

許多高等植物的根部都有絲狀真菌入侵，與之共生。這種細菌就叫做菌根菌。

AM菌（Arbuscular mycorrhizal fungi，亦稱VA菌根菌）會將菌絲侵入植物體（宿主）的皮層內，吸收碳化合物，同時透過在土壤中伸展其菌絲吸收磷酸（有效磷酸）提供給宿主（圖4—6）。

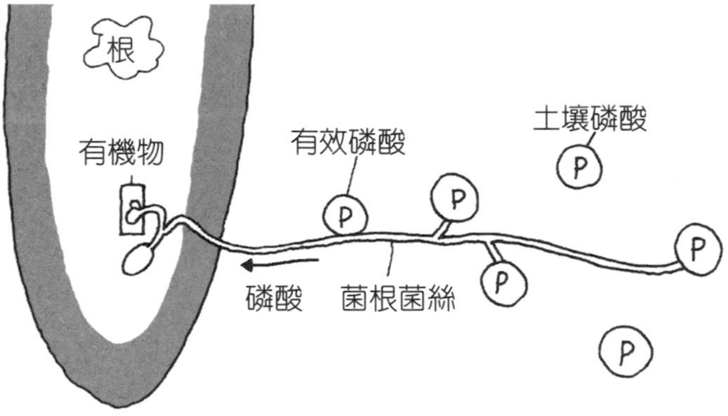
根
有機物
有效磷酸
土壤磷酸
P
磷酸
菌根菌絲

圖4-6　透過菌根菌吸收土壤中的有效磷酸
將土壤中的磷酸溶解後提供給宿主植物，同時從植物身上攝取有機物

6 土壤微生物帶來的物質循環

土壤的淨化作用，就是透過土壤微生物的作用，將各種構造複雜的有機物加以分解，使其變成較單純的化合物或元素，進入物質循環中。圖4－7以碳和氮為例，說明物質循環的過程。

(1) 碳循環

進入土壤中的動植物遺體等有機物，會被土壤微生物分解。其中碳會被各種不同的微生物分解，也會被微生物利用在呼吸作用上，形成二氧化碳。

微生物產出的二氧化碳大部分都會變成氣體揮發至大氣中，但其中一部份會變成碳酸鹽，最後成為土壤中的碳酸鹽礦物。此外，也有極少部份的二氧化碳會被植物的根直接吸收，用於合成有機物。

(2) 氮循環

有機物分解後產生的氨，在微生物的作用下，型態會由銨根離子變成硝酸根離子。植物主要吸收的是硝酸根離子，但硝酸根離子比銨根離子更容易被溶解，因此經常受到降雨等的影響而流失。脫氮作用就是在這個過程中產生，將氮氣排放至空氣中。另外，也有些像根瘤菌等的細菌，能將大氣中的氮固定。

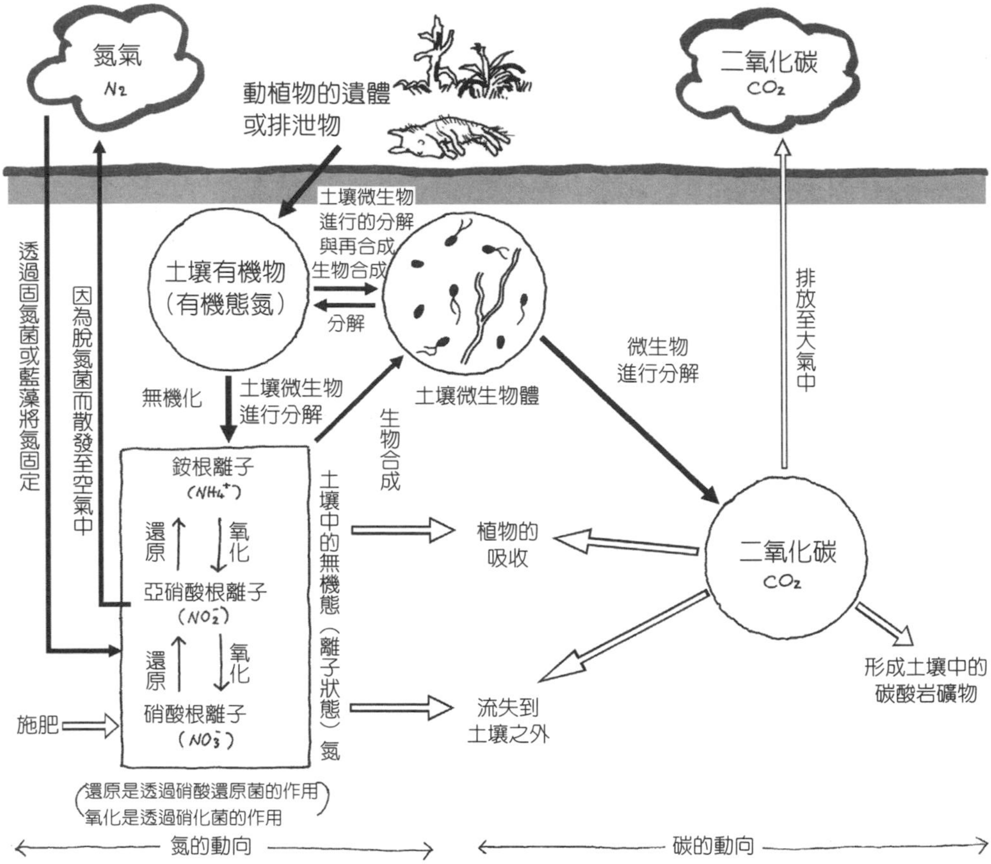

氮氣
N_2
動植物的遺體
或排泄物
二氧化碳
CO_2
土壤微生物
進行的分解
與再合成
生物合成
分解
土壤有機物
（有機態氮）
透過固氮菌或藍藻將氮固定
因為脫氮菌而散發至空氣中
無機化
土壤微生物
進行分解
土壤微生物體
生物合成
微生物
進行分解
排放至大氣中
銨根離子
(NH_4^+)
還原
氧化
亞硝酸根離子
(NO_2^-)
還原
氧化
硝酸根離子
(NO_3^-)
施肥
土壤中的無機態（離子狀態）氮
植物的
吸收
流失到
土壤之外
二氧化碳
CO_2
形成土壤中的
碳酸岩礦物
還原是透過硝酸還原菌的作用
氧化是透過硝化菌的作用
氮的動向
碳的動向

圖4-7　透過土壤微生物進行的物質循環

白色箭頭是與微生物無關的動向

7 土壤微生物的生長環境

(1) 溫度

微生物是生物，因此會受到溫度、水分、pH值等土壤環境莫大的影響。戶外溫度（氣溫）會隨著不同季節在一天之內出現劇烈的變化，土壤下的溫度（地溫）也會在氣溫影響下變動。

與氣溫相較之下，地溫變動的幅度雖小，但溫度變化會影響土壤微生物的活力。大部分微生物的活力在30℃～40℃之間最旺盛，而大部分植物最適合的氣溫則是20℃～30℃（圖4－8）。此差異會影響土壤有機物的數量。

例如在溫帶這種植物的生產力比土壤微生物的活力還大的地區，土壤中的腐植質會增加，使土壤呈現黑色。但是在熱帶這種土壤微生物的活力比較旺盛的地區，腐植質不會增加，因此土壤不會變黑。

(2) 水分與空氣（氧）

空氣（氧）對某些微生物來說是必需的，對某些微生物則否，但水則是所有微生物生存的必要條件。土壤孔隙中含有的水分與微生物的關係，如圖4－9所示。

倘若土壤空隙中完全沒有水分，微生物便完全無法生存，但土壤孔隙若被水分填滿，則只有不需要氧氣的厭氧菌可以生存。厭氧菌又分為在有氧氣的環境中依然可以活動的兼性厭氧菌，以及只要有氧氣就無法生存的絕對厭氧菌。

對土壤的物質代謝影響最具影響力的好氧菌，

在土壤孔隙的50％～60％充滿水分的時候活力最旺盛。

(3)其他條件

大部分的微生物都喜好中性的pH值，但是隨著微生物種類的不同，最適合的pH值也會有所差異。一般認為細菌和放射菌喜好6～7.5的中性，絲狀真菌喜好5～6的弱酸性，但也有像乳酸菌這種喜歡強酸性的細菌。

除此之外，適合微生物生長的黏土礦物種類也有不同。黏土礦物的種類會影響離子的強弱，據說相較於如蒙脫石等的2：1礦物，微生物在高嶺石等1：1的礦物中活力叫旺盛。

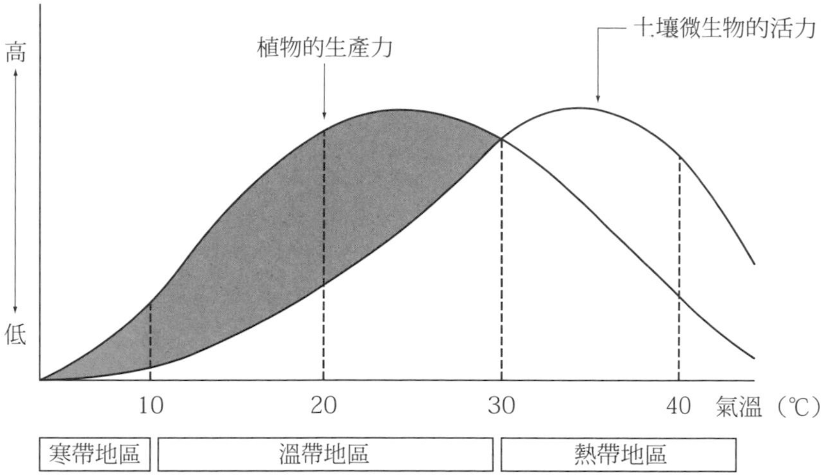

高
低
植物的生產力
土壤微生物的活力
10
20
30
40
氣溫（℃）
寒帶地區
溫帶地區
熱帶地區

圖4-8　植物與微生物在溫度特性上的差異

植物生產力的最大值與土壤微生物活力最旺盛點的溫度不同

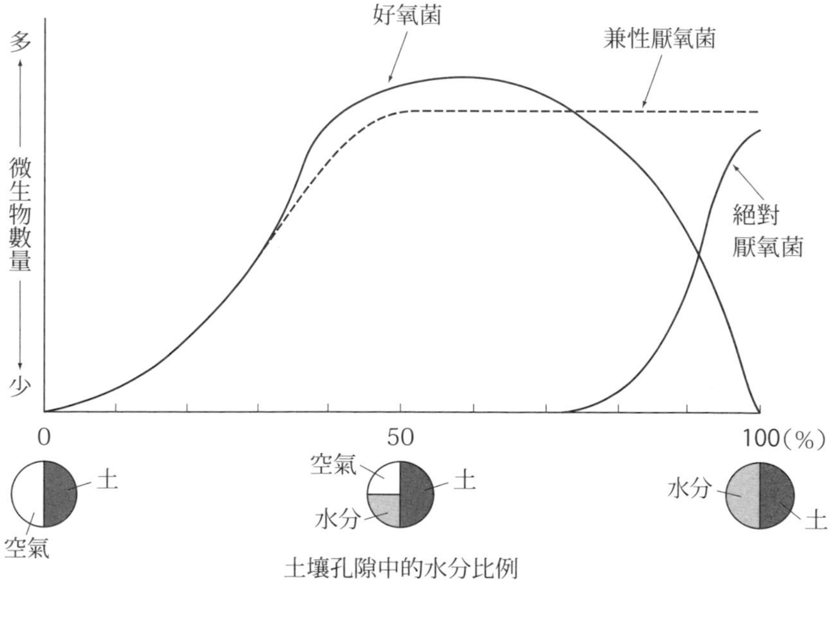

多
微生物數量
少
好氧菌
兼性厭氧菌
絕對厭氧菌
0
50
100(%)
土
空氣
空氣
土
水分
水分
土
土壤孔隙中的水分比例

圖4-9　土壤水分與微生物棲息狀態的關係

第5章

土壤有機物所扮演的角色

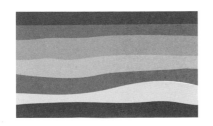

1 有機物的分解作用與腐植化作用

(1) 腐植化的過程

棲息於植物或土壤中的動物遺體，甚至施用於作物的堆肥等有機物，皆會被微生物分解、腐植化。腐植質不易被微生物分解，因此會蓄積在土壤中，打造肥沃的土壤。

圖5—1以稻草為例，說明從有機物變成腐植質的過程。稻草的主體是碳水化合物（纖維等），另外還包含木質素、蛋白質。這些物質都會被土壤微生物分解，大部分的碳都會被微生物當作能源而消耗，含在蛋白質內的氮，則大多會受到微生物菌體的再利用。

木質素雖然不易被微生物分解，但依然會漸漸受到分解，與蛋白質及其他成分產生關聯，進行聚合、縮合，慢慢形成腐植質。

(2) 1t的稻草可製作的腐植質量

假設稻草中所含的氮為0.5％，那麼1t的稻草便含有5kg的氮。若將這些氮全部放入腐植質（C／N比10）中，則可製造出約50kg的腐植質；但實際上氮會因為脫氮作用、流失與植物吸收等因素而減少，因此可能只有這個數量的幾分之一。

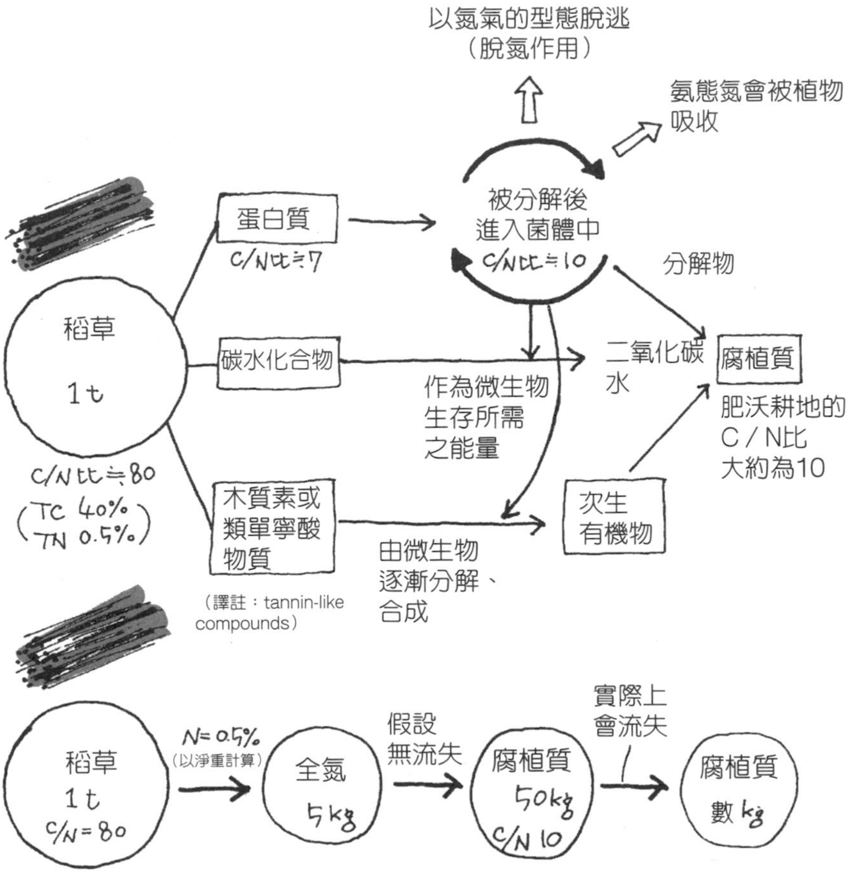
以氮氣的型態脫逃
（脫氮作用）
氨態氮會被植物
吸收
蛋白質
C/N比≒7
被分解後
進入菌體中
C/N比≒10
分解物
稻草
1t
C/N比≒80
（TC 40%
TN 0.5%）
碳水化合物
二氧化碳
水
腐植質
作為微生物
生存所需
之能量
肥沃耕地的
C／N比
大約為10
木質素或
類單寧酸
物質
（譯註：tannin-like
compounds）
由微生物
逐漸分解、
合成
次生
有機物
稻草
1t
C/N=80
N=0.5%
（以淨重計算）
全氮
5kg
假設
無流失
腐植質
50kg
C/N 10
實際上
會流失
腐植質
數kg

圖5-1　腐植化的過程

假設氮的流失為0，則會生成50kg的腐植質，
但實際上氮會流失，因此真正的數量只有數分之1

2 腐植質與腐植質的生成

(1) 何謂腐植質

土壤中有活著的生物和植物的根，除此之外則是土壤有機物。土壤有機物可區分為生物遺體（新鮮有機物）與其分解物「非腐植質物質」，以及土壤中原有的暗色無定型狀態高分子化合物「腐植質物質」，而上述物質複雜地結合之後，便形成「腐植質」。

腐植質可分為不溶於鹼的「腐植素」、溶於鹼但不溶於酸的「腐植酸」，以及酸鹼皆可溶解的「黃腐酸」（圖5－2）。

(2) 腐植質的生成過程

接著讓我們更進一步了解腐植質的生成過程（圖5－3）。

第一階段　在分解土壤中有機物的第一階段裡，澱粉、醣類、胺基酸等低分子有機物會先被分解，形成二氧化碳、水和氨等等。這種分解作用在土壤中需要花上幾天才能完成。在水田等厭氧條件下，有時會生成有機酸，更進一步形成甲烷。

第二階段　第二階段分解的是高分子化合物，這個過程將會花上數個月。首先是蛋白質被分解為胺基酸，再變成二氧化碳、水和氨。胺基酸和蛋白質所生成的氨，大部分都被微生物吸收，作為構成菌體的成分。

接著是屬於纖維成分的半纖維素與纖維素被

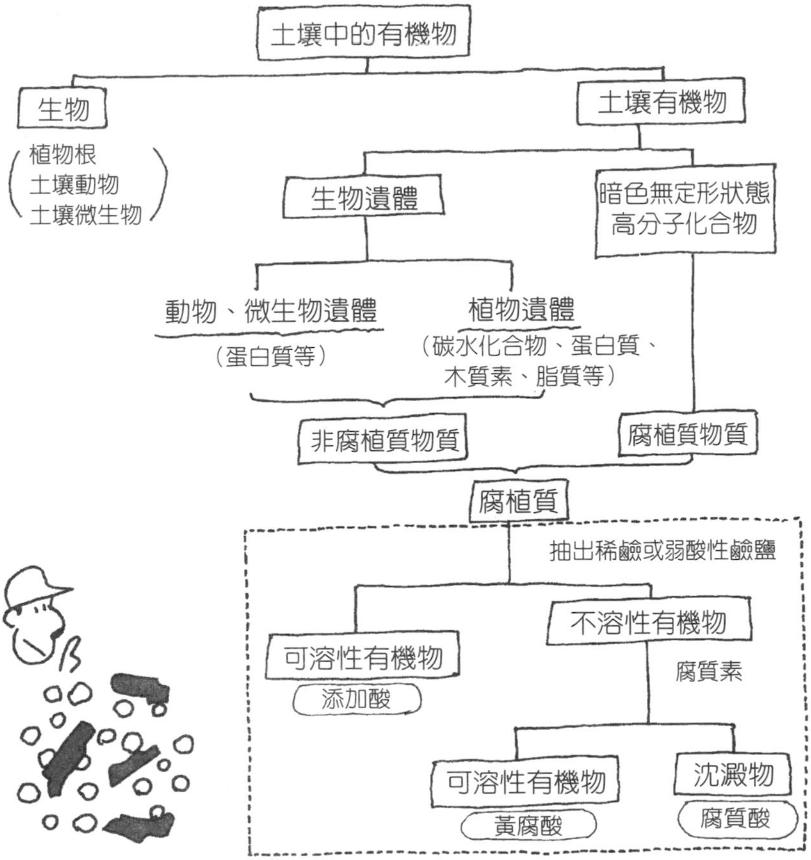
土壤中的有機物
生物
植物根
土壤動物
土壤微生物
土壤有機物
生物遺體
暗色無定形狀態
高分子化合物
動物、微生物遺體
（蛋白質等）
植物遺體
（碳水化合物、蛋白質、
木質素、脂質等）
非腐植質物質
腐植質物質
腐植質
抽出稀鹼或弱酸性鹼鹽
不溶性有機物
腐質素
可溶性有機物
添加酸
可溶性有機物
黃腐酸
沈澱物
腐質酸

圖5-2　土壤有機物的區分

分解，先變成醣類、有機酸，最後變成二氧化碳和水。最後被分解的則是木質素，木質素是微生物最難以分解的物質。

第三階段　第三階段需要歷經數年的時間。木質素被分解後，會形成多酚和醌化合物。

這些物質在土壤中因為氧化作用及蛋白質分解物的聚合縮合，漸漸變成擁有複雜構造的腐植質。一般認為木質素與腐植質類似，但木質素是新鮮的有機物，和腐植質在構造與微生物分解性上仍有極大的差異。

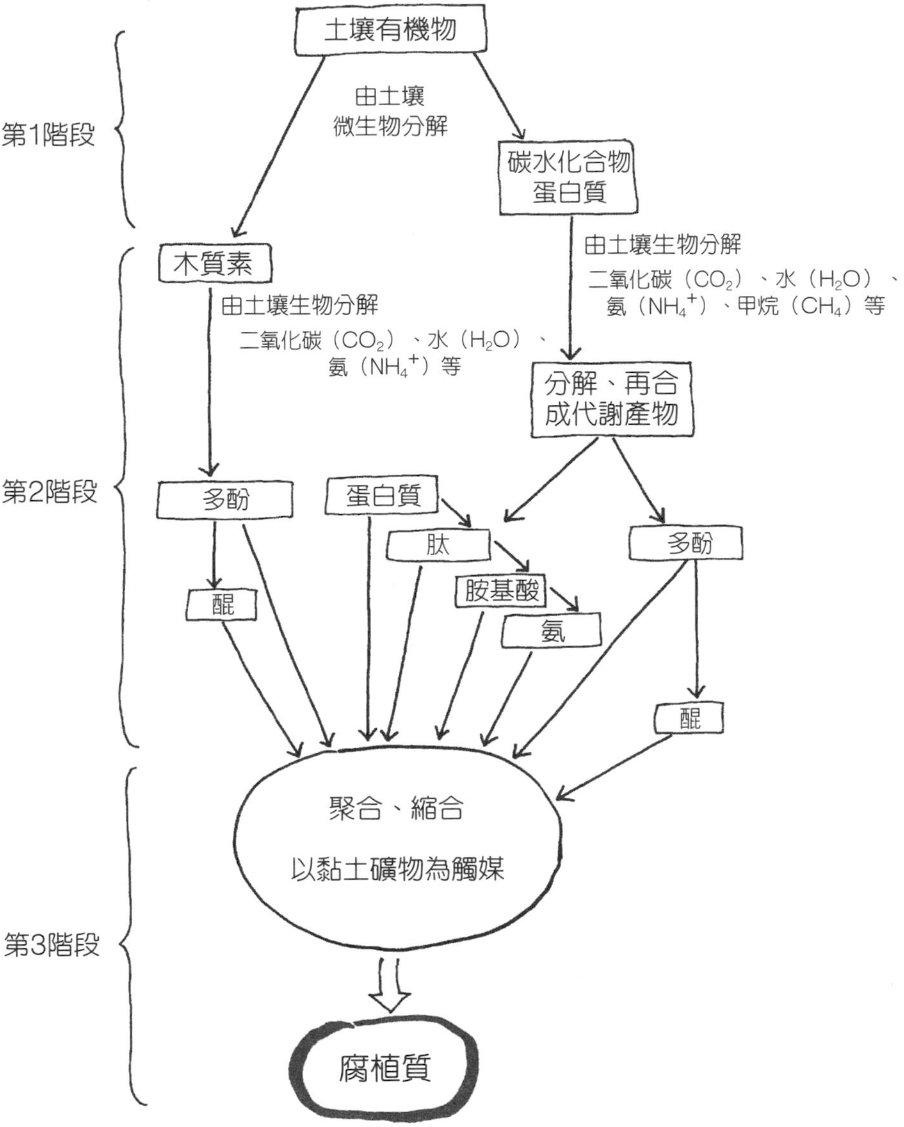
土壤有機物
由土壤
微生物分解
第1階段
碳水化合物
蛋白質
木質素
由土壤生物分解
二氧化碳（CO_2）、水（H_2O）、
氨（NH_4^+）、甲烷（CH_4）等
由土壤生物分解
二氧化碳（CO_2）、水（H_2O）、
氨（NH_4^+）等
分解、再合
成代謝產物
第2階段
多酚
蛋白質
肽
多酚
醌
胺基酸
氨
醌
聚合、縮合
以黏土礦物為觸媒
第3階段
腐植質

圖5-3　腐植質的生成過程

3 影響腐植質堆積的條件

分解的速度與程度，一般會隨著新鮮有機物的成分而異，而腐植質的堆積量也會隨之變化。

含有豐富醣類與蛋白質的有機物雖然容易分解，富含木質素的有機物則較難分解。但是會影響分解的並不止這些因素（圖5－4）。

(1) 溫度對分解的影響

寒冷地區的腐植質比溫暖地區要來得多，而水田的腐植質比旱田要來得多。這是因為新鮮有機物腐植化的速度會隨著環境而出現很大的差異。

其中影響最大的就是溫度。在高溫環境下，有機物的分解作用旺盛，腐植質不會堆積。有機物的分解在30℃左右達到高峰，而植物生產有機物的最高點則是在25℃左右，假設生長在土壤中的植物腐植化，那麼在10～20℃的環境下，腐植質的堆積量最多（圖4－8）。

(2) 空氣、水分對微生物活動的影響

對微生物的活動而言，空氣（氧）固然必須充足，不過水分也是必要的，因此空氣與水分之間的關係，也會對微生物活動造成很大的影響。土壤中的空隙如果只有空氣、沒有水分，或是水分過剩、空氣過少，微生物便無法活動。在空氣與水分皆適量的狀態下，有機物的分解作用會比較活躍，這時的土壤水分為最大容水量的50～60％，有機物在這種狀態下會迅速分解，因此腐植質的堆積也會變少（圖4－9）。

（3）pH值及土壤養分帶來的影響

分解有機物的微生物最喜歡的pH值各有不同，細菌類為中性，絲狀真菌類為弱酸性，土壤pH值也會影響腐植質的堆積狀況。若pH值過高或過低，微生物便無法進行分解，腐植質也就會開始堆積。

在過度潮濕，容易生成有機酸的土壤環境中，由於pH值降低，因此腐植質便會蓄積；泥炭層就是其中一例。

另外，若土壤養分豐富，微生物活性強，則有機物的分解也會比較旺盛，不易堆積腐植質。

如上所述，由於影響的因素非常多，因此腐植質的生成條件相當嚴苛，堆積量也會隨著地區和植被種類而異。

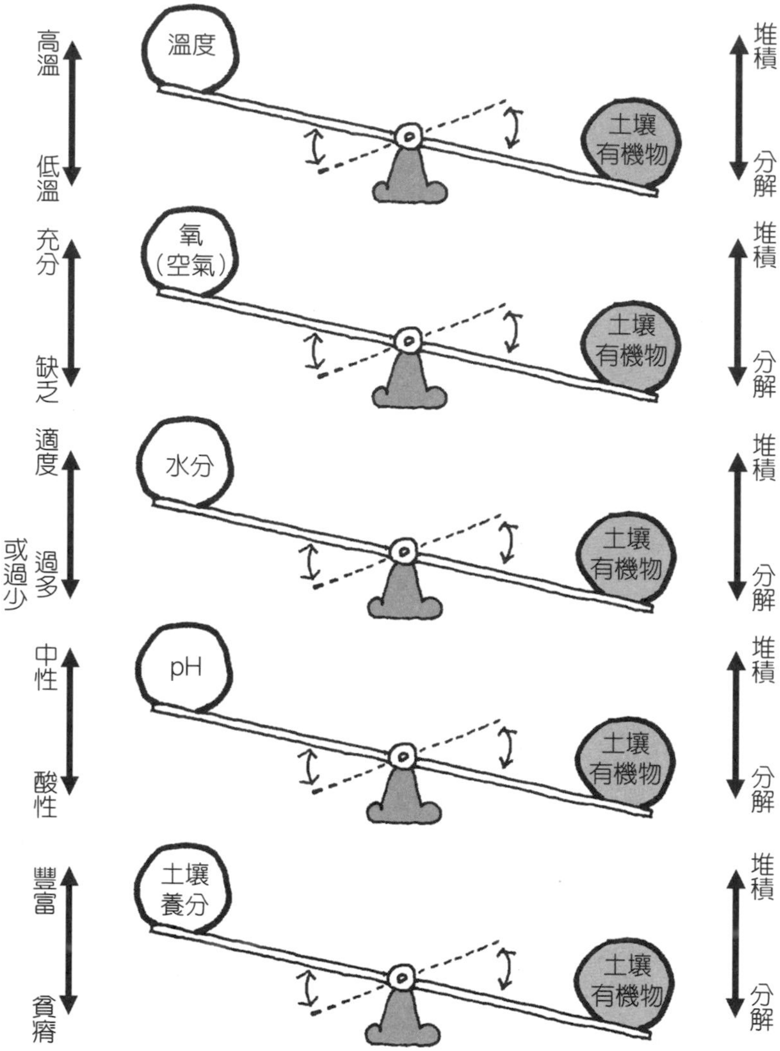
高溫
低溫
溫度
土壤有機物
堆積
分解
充分
缺乏
氧（空氣）
土壤有機物
堆積
分解
適度
過多或過少
水分
土壤有機物
堆積
分解
中性
酸性
pH
土壤有機物
堆積
分解
豐富
貧瘠
土壤養分
土壤有機物
堆積
分解

圖5-4　腐植質的堆積、消耗與各種因素的關係

左側（原因）一旦升高，右側（結果）就會降低，左側降低右側就會升高。由此可知，並非土壤條件優異，土壤有機物就會增加

4 土壤有機物所扮演的角色

在農耕地，為了維持作物產量的穩定，每年都會施用堆肥等有機物。接下來讓我們探討腐植質的原料——土壤有機物的功能。施用有機物，能帶來如圖5—5所示的六大效果。

(1) 團粒構造的形成

土壤微生物能分解有機物，而在分解的過程中，分解物會與黏土粒子結合，形成單次結合團粒；之後再與其他團粒結合，形成二次結合團粒。

此過程不斷重複，等形成多次結合團粒後，土壤就會變得柔軟，作物的根也就能自由伸展。另外，土壤中的空隙也會變多，空氣和水的流通變好，因此也能成為兼具保水力與排水性的土壤。

(2) 增加土壤的緩衝效果

腐植質和土壤有機物的陽離子交換能力（CEC）很高，因此施用有機物便能提昇CEC。如此一來，不但能增加土壤的電流緩衝能力，保持pH值的穩定，同時土壤蓄積肥料成分的能力也會增加，提供根部穩定的養分。

(3) 養分的供給與儲藏

有機物是土壤微生物生存的能量來源，因此土壤中若富含有機物，土壤微生物的活性也會變強。有機物被分解之後，會形成氮、磷酸等可讓作物吸收的元素型態，因此能將肥料成分提供給作物的根

效果1

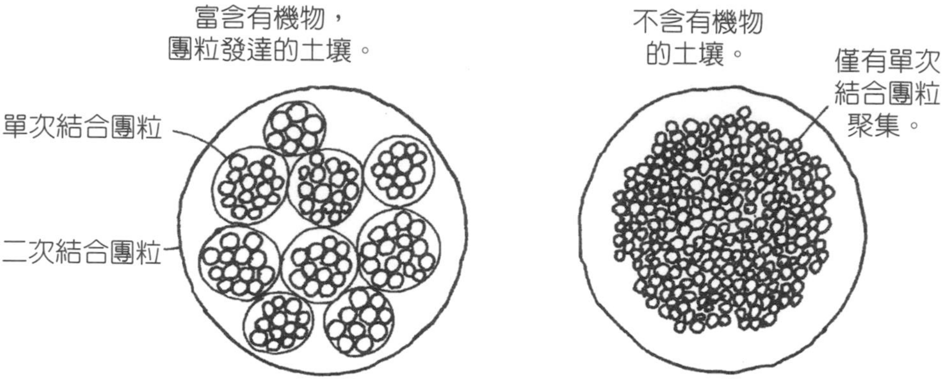
富含有機物，
團粒發達的土壤。
單次結合團粒
二次結合團粒
不含有機物
的土壤。
僅有單次
結合團粒
聚集。

土壤有機物能將個別的土壤顆粒聚集（單次結合團粒），
接著再繼續聚集（二次結合團粒），因此土壤中的空隙變多，
空氣和水都容易流動。

效果2

腐植質和黏土一樣，具有離子交換能力。
陰離子愈多，就能吸引愈多陽離子（Cation）。

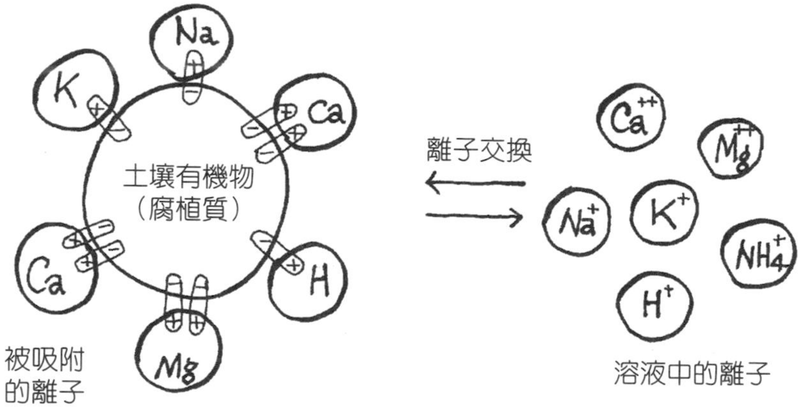
Na
K
Ca
土壤有機物
（腐植質）
Ca
H
Mg
被吸附
的離子
離子交換
Ca++
Mg++
Na+
K+
NH4+
H+
溶液中的離子

正因如此，土壤有機物除了可調整pH（氫離子濃度）之外，
亦能調節各種離子的濃度，提供植物的根部濃度平均的養分。

圖5-5 ① 土壤有機物的效果

效果3

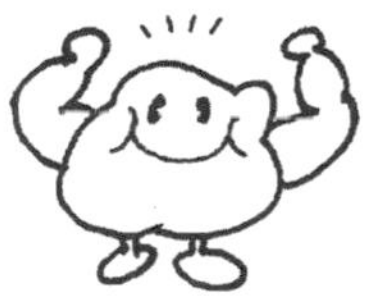

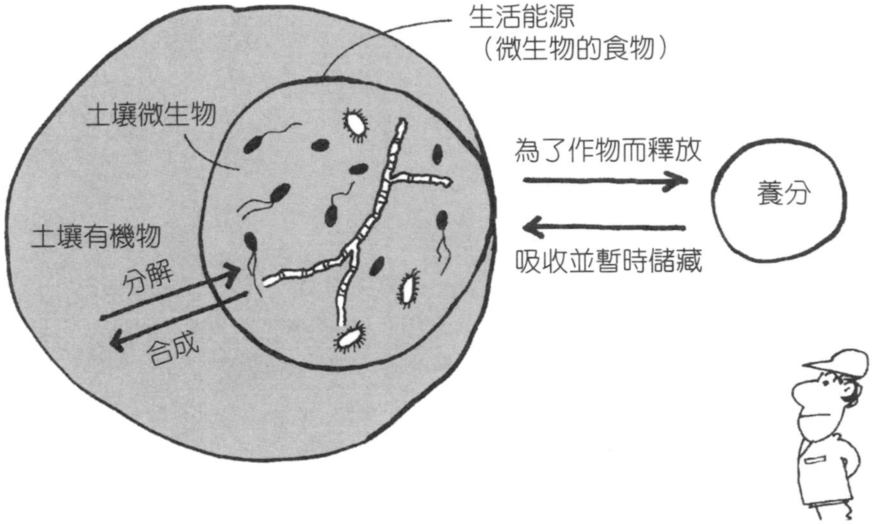
生活能源
（微生物的食物）
土壤微生物
土壤有機物
分解
合成
為了作物而釋放
吸收並暫時儲藏
養分

效果4

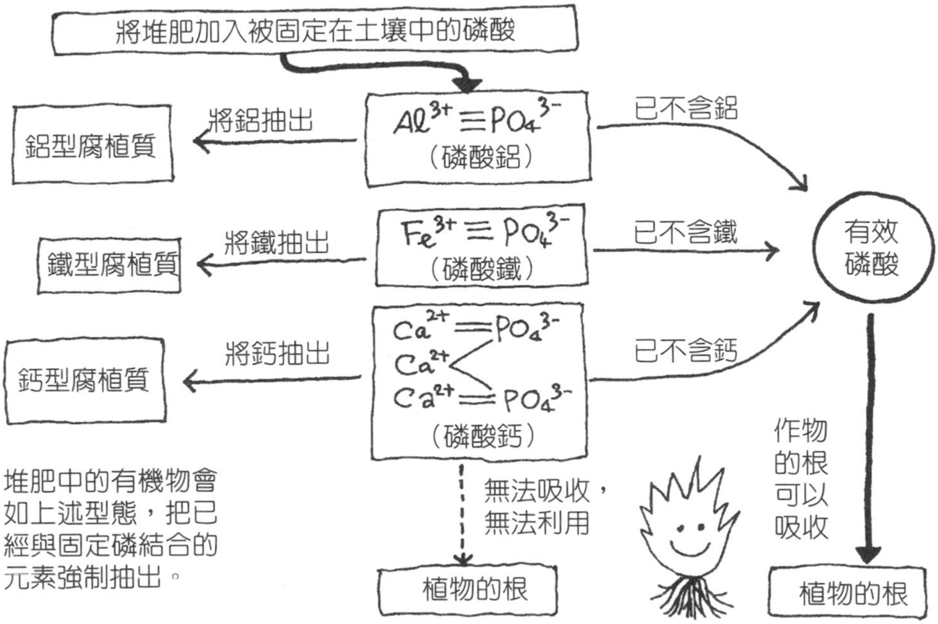
將堆肥加入被固定在土壤中的磷酸
$Al^{3+} \equiv PO_4^{3-}$
（磷酸鋁）
將鋁抽出
鋁型腐植質
已不含鋁
$Fe^{3+} \equiv PO_4^{3-}$
（磷酸鐵）
將鐵抽出
鐵型腐植質
已不含鐵
$Ca^{2+} = PO_4^{3-}$
Ca^{2+}
$Ca^{2+} = PO_4^{3-}$
（磷酸鈣）
將鈣抽出
鈣型腐植質
已不含鈣
有效
磷酸
無法吸收，
無法利用
植物的根
作物
的根
可以
吸收
植物的根

堆肥中的有機物會如上述型態，把已經與固定磷結合的元素強制抽出。

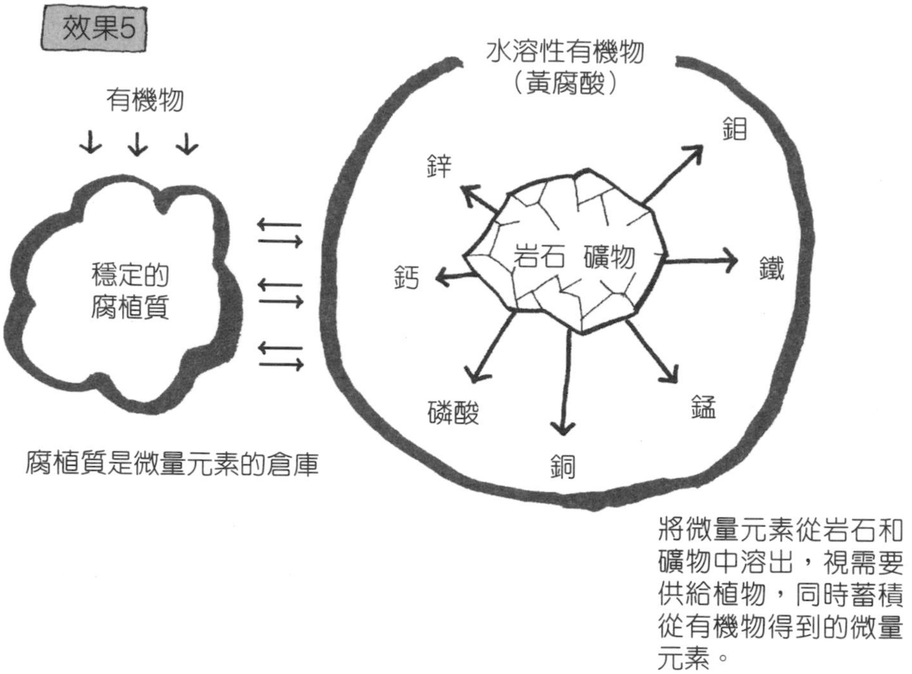
效果5
有機物
穩定的
腐植質
腐植質是微量元素的倉庫
水溶性有機物
（黃腐酸）
鉬
鋅
岩石 礦物
鐵
鈣
磷酸
錳
銅
將微量元素從岩石和礦物中溶出，視需要供給植物，同時蓄積從有機物得到的微量元素。

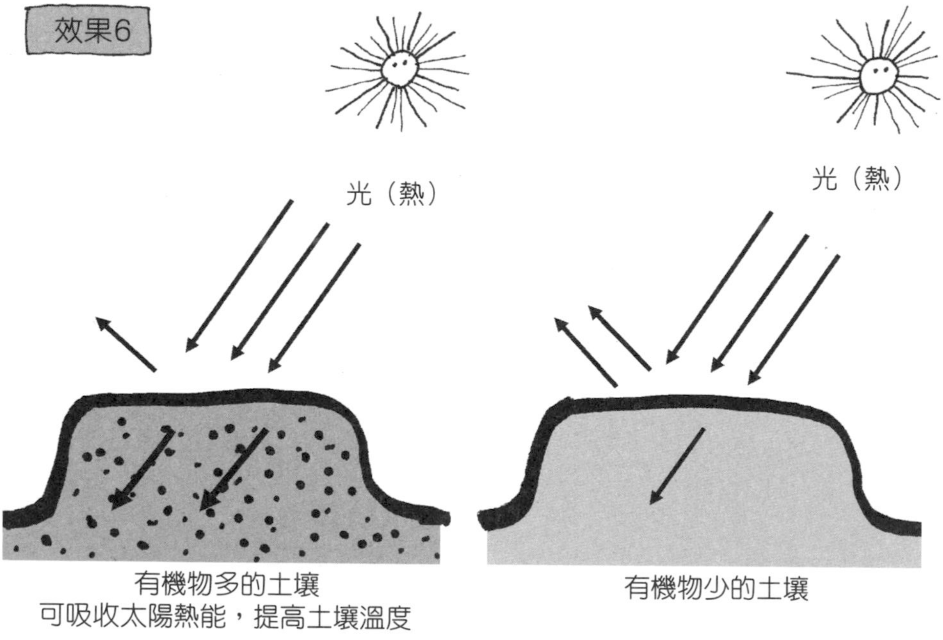
效果6
光（熱）
光（熱）
有機物多的土壤
可吸收太陽熱能，提高土壤溫度
有機物少的土壤

圖5-5 ②　土壤有機物的效果

部。

地溫一旦升高，作物的生長就會變得更旺盛，同時微生物也會變得比較活潑。這時便會大量產生肥料成分，提供作物生長所需的養分。

此外，微生物也具有儲藏養分的功能，根無法吸收的過剩肥料成分，會由微生物吸收，並成為菌體儲藏起來；待微生物死亡後，便會分解，提供給作物。

（4）促進磷的效果

用於施肥的磷酸會與土壤中的鋁和鐵等物質緊密結合，轉換成作物的根無法吸收的型態。這就是土壤的磷酸固定作用，在火山灰土壤中作用特別明顯。但是土壤中若有堆肥等有機物，腐植質、有機物、醣類等便會與鋁和鐵結合，讓磷酸維持作物可吸收的狀態；這就是有機物帶來的磷酸肥料有效化。

（5）微量元素的供給源

施行連作時，作物經常會缺乏硼等微量元素。堆肥等有機物含有微量元素，因此可以提供作物吸收。另外，水溶性有機物黃腐酸還能溶出土壤礦物中的微量元素。

（6）保熱功能

腐植質呈黑色，可吸收太陽能，故可幫助地溫上升，促進作物生長。

（7）其他功能

有機物所含的腐植酸、有機酸以及維生素、生長素等賀爾蒙，有促進作物生長的效果。若是在設施栽培等密閉空間，有機物在土壤中分解後產生的二氧化碳亦有助於作物進行同化作用。

5 有機物的直接吸收作用

(1) 直接吸收胺基酸

植物從根部吸收無機離子，藉以成長，但近年來研究發現，根部也會直接吸收有機物。有研究顯示植物的根可以吸收相當於血紅素粒子大小的物質，另外也可以吸收胺基酸（圖5—6）。

目前已發現吸收了胺基酸的運輸蛋白，可證明根部可直接吸收胺基酸。

(2) 直接吸收的意義

在土壤中，氨會被氧化為硝酸根離子，而植物的根會吸收硝酸根離子。

硝酸進入植物的根之後，被還原成氨，再和有機酸結合，形成胺基酸，進而轉變為蛋白質與核酸等打造身體所需的物質。

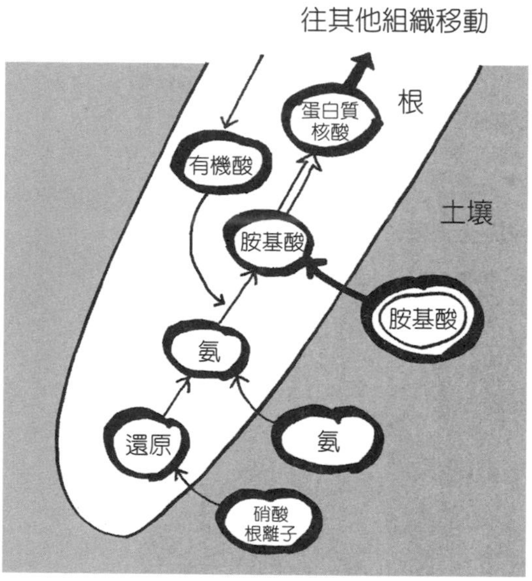

往其他組織移動
根
蛋白質
核酸
有機酸
土壤
胺基酸
胺基酸
氨
還原
氨
硝酸
根離子

圖5-6　有機物的直接吸收作用
（以吸收胺基酸為例）

相對於此，土壤中若含有胺基酸，就可以讓根部直接吸收，進入合成途徑，如此一來植物便只需使用更少的能量，更有效率。然而並非所有的胺基酸都是好的，如麩醯胺酸或精胺酸雖然會帶來正面的結果，但離胺酸或色胺酸等胺基酸，則據說會帶來反效果。

有機物的直接吸收作用對作物生長究竟有多少助益，至今仍不明朗，但土壤中有非常多的微生物會積極地分解土壤中的有機物，根實際上吸收的胺基酸其實很少。

6 自然林與農耕地的有機物收支

(1) 自然林傾向蓄積

生長在自然林中的植物或生活在自然林中的動物，遺體都會回歸土壤，因此原本從土壤吸收的養分便形成有機物，還原至土壤中。再加上降雨或河川所帶來的養分，養分收支便能呈現盈餘狀態。以結果而言，供給土壤的有機物量高於分解量，因此土壤有機物傾向逐漸蓄積，土壤逐年肥沃（圖2—4）。

(2) 農耕地傾向消耗

在農耕地，即使有來自肥料的養分供給，但生長的作物（有機物）會被收割帶出農地之外，因此即使作物的殘渣或殘根會成為有機物，回歸土壤，但進入土壤的有機物還原量還是減少的。此外，農地為了栽培作物，經常進行翻土整地，而整地時造成的土壤攪亂與空氣供給，會促進有機物的分解。於是農耕地土壤的有機物傾向減少，而這種現象一般稱為「地力的消耗」。為了彌補這種地力的消耗，農耕地必須施用有機物（圖2—4）。

第6章

農耕地的特徵與管理

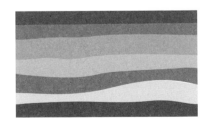

1 水田土壤

（1）水田土壤的分佈

據說日本從三千年前就開始種植稻作。水稻很適合多雨的日本，又有來自灌溉水的養分供給，所以可以進行無肥料栽培，自古以來都維持著穩定的生產量。據說在奈良時代（譯註：710年至794年），日本就有約一百萬ha的水田。

水田分佈於日本全國，在使用於水田的土壤（249萬）當中，灰色低地土佔37％，潛育土佔31％，多濕黑火山灰土佔10％，其他土壤則佔22％（圖6－1）。其中最具代表性的例子如圖6－2所示。

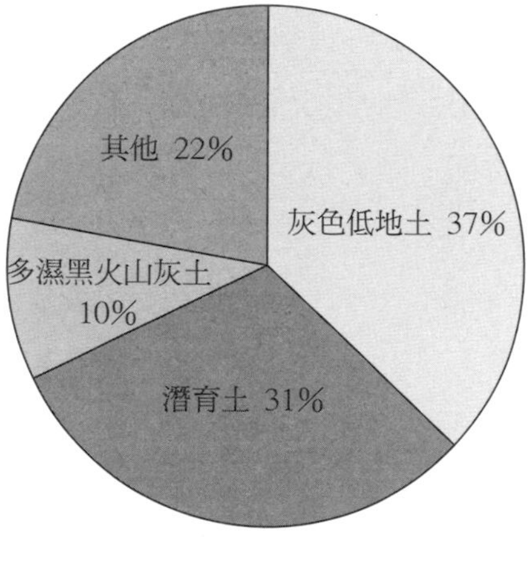

其他 22%
灰色低地土 37%
多濕黑火山灰土
10%
潛育土 31%

圖6-1　水田土壤的分佈
（249萬ha，2010）

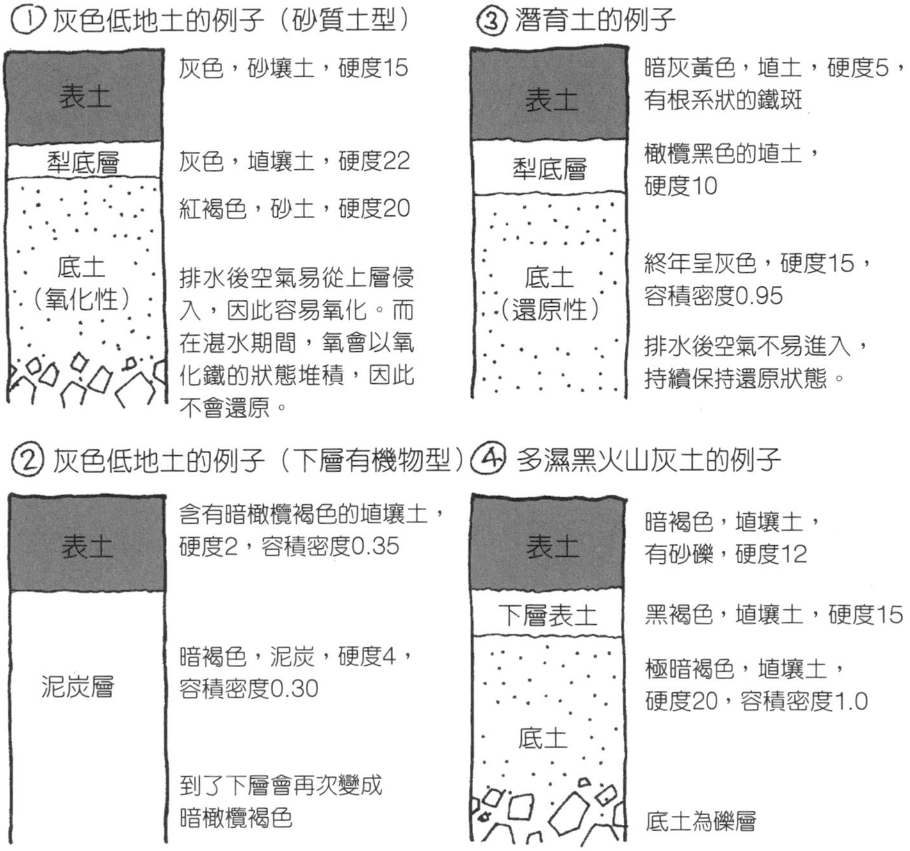
①灰色低地土的例子（砂質土型）
表土
灰色，砂壤土，硬度15
犁底層
灰色，埴壤土，硬度22
紅褐色，砂土，硬度20
底土（氧化性）
排水後空氣易從上層侵入，因此容易氧化。而在湛水期間，氧會以氧化鐵的狀態堆積，因此不會還原。
③潛育土的例子
表土
暗灰黃色，埴土，硬度5，有根系狀的鐵斑
犁底層
橄欖黑色的埴土，硬度10
底土（還原性）
終年呈灰色，硬度15，容積密度0.95
排水後空氣不易進入，持續保持還原狀態。
②灰色低地土的例子（下層有機物型）
表土
含有暗橄欖褐色的埴壤土，硬度2，容積密度0.35
泥炭層
暗褐色，泥炭，硬度4，容積密度0.30
到了下層會再次變成暗橄欖褐色
④多濕黑火山灰土的例子
表土
暗褐色，埴壤土，有砂礫，硬度12
下層表土
黑褐色，埴壤土，硬度15
底土
極暗褐色，埴壤土，硬度20，容積密度1.0
底土為礫層

圖6-2　水田土壤的例子

(2) 水田土壤的特徵

○與旱田土壤的差異

旱田土壤與水田土壤有著極大的不同（圖6－3）。旱田土壤直接接觸空氣，可獲得充分的氧氣，因此土壤呈現氧化狀態，棲息著許多好氧性微生物。相對地，在湛水狀態的水田土壤中，表土表面直接與水接觸，而氧會溶於水中，同時生長在表面的藻類亦會提供氧，因此可保持氧化狀態，但是下層的表土則會因為空氣和土都被隔開而缺氧。

因此，好氧性微生物的活力受到抑制，形成厭氧性微生物活躍的還原層。不過，有機物較少的下層表土由於微生物的活動力不佳，因此仍呈現氧化狀態。

○還原態與氧化態的反覆

水田在夏季湛水期間呈現還原狀態，在冬季排水期間呈現氧化狀態，不斷循環，因此有機物與礦物的分解作用旺盛，可提供作物所需的養分。水田中成分隨著氧化、還原狀態在型態上的差異如表6－1所示。

在水田最具特徵的還原狀態下，除了氮和磷酸等多量元素之外，鐵、錳、硫等微量元素也會轉變為作物較容易吸收的型態。同時，銅、砷等有害重金屬也會變得比較容易吸收。

另外，同樣是重金屬，但鎘在氧化狀態下比較容易被吸收。

○甲烷的生成與脫氮作用

有機物在氧化狀態下分解後，會產生二氧化碳，而在還原狀態下分解，則會產生甲烷。在氧化狀態與還原狀態的交互出現下，會產生脫氮作用，硝酸被還原成氮氣，揮發在空氣中（圖6－4）。

這個狀況會造成氮肥料的浪費，對農業生產帶來負面的影響，不過這種功能可積極利用於除去污水中的氮。

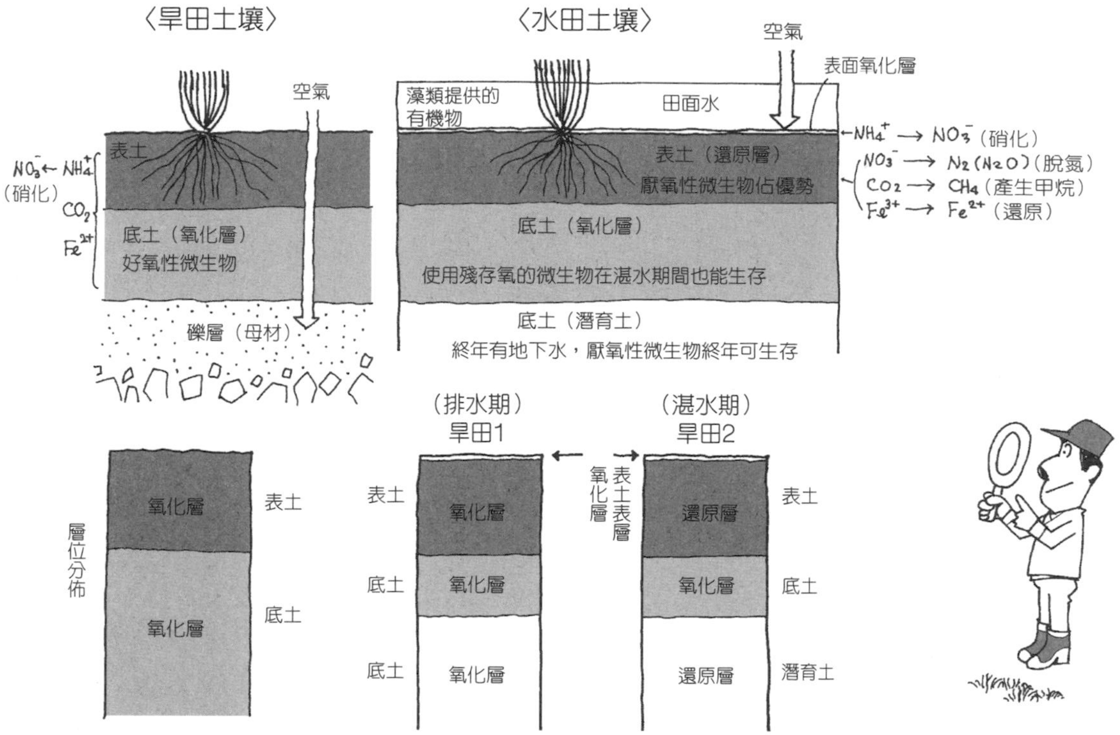
〈旱田土壤〉
空氣
表土
$NO_3^- \leftarrow NH_4^+$
（硝化）
CO_2
Fe^{2+}
底土（氧化層）
好氧性微生物
礫層（母材）
〈水田土壤〉
空氣
表面氧化層
藻類提供的
有機物
田面水
$\leftarrow NH_4^+ \rightarrow NO_3^-$（硝化）
表土（還原層）
厭氧性微生物佔優勢
$NO_3^- \rightarrow N_2\,(N_2O)$（脫氮）
$CO_2 \rightarrow CH_4$（產生甲烷）
$Fe^{3+} \rightarrow Fe^{2+}$（還原）
底土（氧化層）
使用殘存氧的微生物在湛水期間也能生存
底土（潛育土）
終年有地下水，厭氧性微生物終年可生存
層位分佈
氧化層
表土
氧化層
底土
（排水期）
旱田1
表土
氧化層
底土
氧化層
底土
氧化層
表土表層
氧化層
（湛水期）
旱田2
還原層
表土
氧化層
底土
還原層
潛育土

圖6-3　水田土壤與旱田土壤的差異

NO_3^-：硝酸根離子，NO_4^+：銨根離子，CO_2：二氧化碳，Fe^{2+}：二價鐵離子
Fe^{3+}：三價鐵離子，N_2：氮氣，N_2O：一氧化二氮，CH_4：甲烷

表6-1　水田中成分隨著氧化、還原狀態在型態上的差異

水田土壤的成分	氧化狀態（排水期）	還原狀態（湛水期）
氧	多	少
pH	低	高
有機物的分解	快	慢
氮的特徵	容易流失	因為脫氮而容易揮發
磷酸的特徵	不易被作物吸收	容易被作物吸收
與鐵結合的磷酸	正磷酸鐵（$FePO_4$）	磷酸亞鐵（$Fe_3(PO_4)_2$）
氮安定的型態	硝酸根離子（NO_3^-）	銨根離子（NH_4^+）
硫的型態	硫酸根離子（SO_4^{2-}）	硫離子（HS^-）
鐵的型態	三價鐵（Fe^{3+}）	二價鐵（Fe^{2+}）
錳的型態	四價錳（Mn^{4+}）	二價錳（Mn^{2+}）

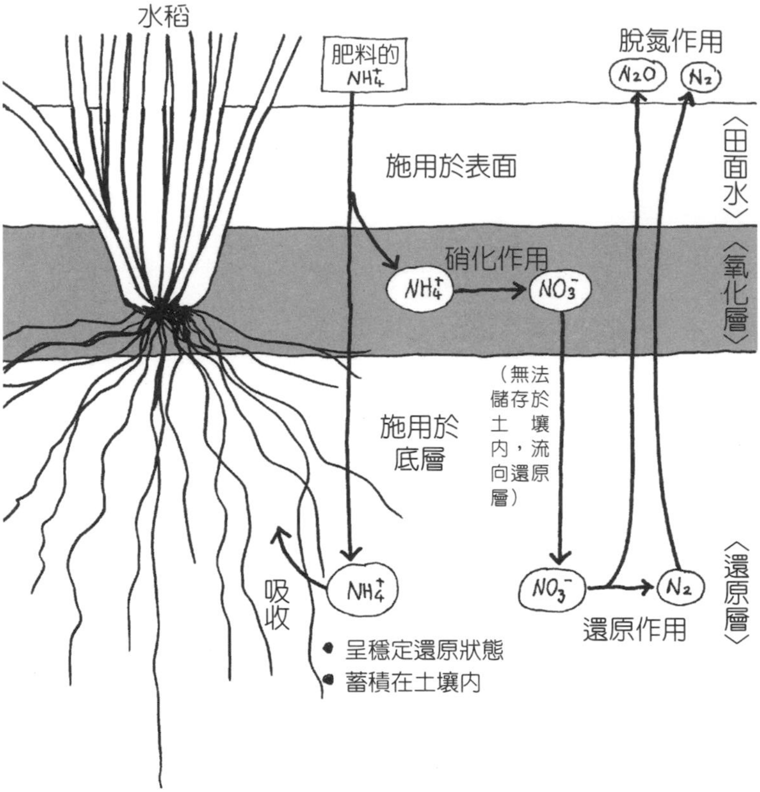

水稻
肥料的 NH_4^+
脫氮作用
N_2O
N_2
〈田面水〉
施用於表面
硝化作用
NH_4^+
NO_3^-
〈氧化層〉
（無法儲存於土壤內，流向還原層）
施用於底層
吸收
NH_4^+
NO_3^-
N_2
還原作用
〈還原層〉
呈穩定還原狀態
蓄積在土壤內

圖6-4　水田土壤的脫氮作用　　（松中）

NH_4^+：銨根離子，NO_3^-：硝酸根離子，N_2O：一氧化二氮，N_2：氮氣

表6-2　日本全國肥料三要素測試之收成量整理

（kg/10a、（　）內為相對於三要素區之比例）

作物	無肥料區	三要素區	無氮區	無磷酸區	無鉀區
水稻	257（65）	393（100）	285（73）	380（97）	387（99）
陸稻	90（39）	233（100）	107（46）	155（66）	210（90）

(3) 供給水田所需之養分

○自然供給養分的機制

水田土壤包含氧化層與還原層，因此元素也會受到影響，在土壤中與鐵結合而變成不溶性的磷酸，在湛水狀態的水田土壤中則會溶出，變成讓水稻容易吸收的型態。鉀以及其他必要微量元素，不但大量蓄積在水田土壤中，也會由灌溉水供給。

灌溉水除了能帶給土壤養分之外，生長在水裡的藍藻類以及土壤中的厭氧性細菌所進行的氮固定作用，也會變得更加活躍，維持水田土壤的高度肥沃。

藍藻類能固定空氣中的氮，如果在土壤中施用稻草等有機物，效果會更加顯著。

在水田中會自然而然地形成上述這種養分供給的系統，因此就算不施肥，作物也能順利生長。

○不會出現連作障礙

此外，土壤的氧化、還原作用不斷重複，也會對土壤微生物相帶來莫大的影響。在氧化狀態下，好氧性細菌比較活躍；在還原狀態下，則是厭氧性細菌比較活躍。當微生物像這樣互相輪替時，病原菌便不會蓄積。此外，對根有害的物質會被分解，過剩的養分也會流失，所以不會產生連作障礙。

○水田土壤肥沃度的證明

水田中有來自水帶來的養分，因此不容易出現養分匱乏的狀況。表6－2為日本全國公立農業研究機構所進行的肥料三要素測試成績，顯示出水田的肥沃度相當高。

以水稻而言，就算沒有施肥，也能有相當於三要素區65％的收成量，而在旱田栽培的陸稻則是40％左右。

無氮區、無磷酸區也有相同的傾向，但與無鉀區也沒有太大的差異。由此可知，水田無論在什麼條件下，都能有相對穩定的收成量。

（4）水田的甲烷生成與減少

水田中產生的甲烷是促進全球暖化的原因之一，因此接下來將針對甲烷更進一步說明。

〇甲烷生成的機制

水田總是被水覆蓋著，因此土壤呈現厭氧性環境，於是甲烷生成菌（絕對厭氧性細菌）便會製造甲烷。此外，土壤中生成甲烷的必要條件，就是土壤中的還原作用必須非常發達（氧化還原電位（Eh）約為-150mV）。

土壤中產生的甲烷主要是透過水稻的通氣組織散發，有時也會變成氣泡或擴散至田面水中，再散發至大氣中（圖6—5）。

在土壤的還原部份生成的甲烷，在通過表面的氧化層時，會被甲烷氧化菌氧化為二氧化碳，因此甲烷的生成量會變少。

〇IPCC指南與甲烷的減少

IPCC（政府間氣候變遷專家小組，Intergovernmental Panel on Climate Change）指南（IPCC二〇〇六）中指出，全世界的水田所生成的甲烷量，每年約有二千萬t以上。根據估算，日本的水田排放出的甲烷量約有三十萬t，以全世界的規模來看，日本的排放量相當少。甲烷氣體對全球暖化的影響約是二氧化碳的23倍，因此全世界都在努力抑制它的產生。

想要減少水田中甲烷的產生，關鍵在於水源管理。只要拉長曬田期的時間，讓水田土壤氧化得更徹底，便能抑制甲烷生成菌的活動，進而減少甲烷的產生。另外，不要直接使用稻草，而是先使其堆肥化再使用，也能大幅減少甲烷的產生（表6—3）。

施用含鐵的資材（轉爐渣等）也是個有效的方法，此外也有報告指出不整地栽培亦可減少甲烷的產生。

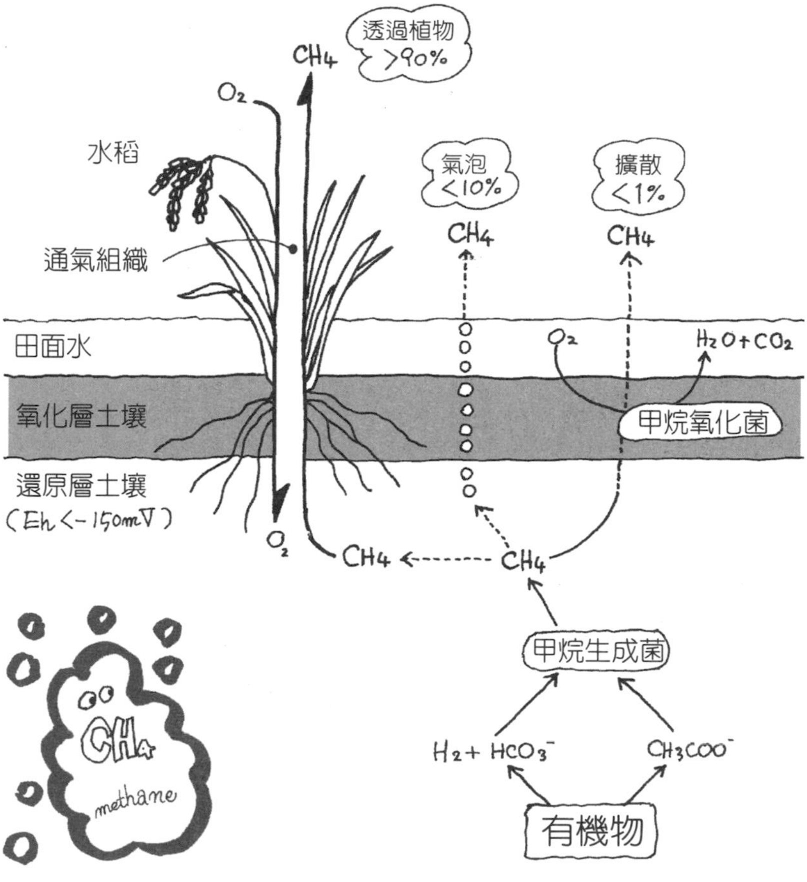
CH4
透過植物
>90%
O2
水稻
通氣組織
氣泡
<10%
擴散
<1%
CH4
CH4
田面水
O2
H2O+CO2
氧化層土壤
甲烷氧化菌
還原層土壤
(Eh <-150mV)
O2
CH4
CH4
甲烷生成菌
H2+ HCO3-
CH3COO-
有機物
CH4
methane

圖6-5　水田中甲烷生成、氧化、散發的各種路徑（木村）
O_2：氧，CH_4：甲烷，H_2O：水，CO_2：二氧化碳，H_2：氫，
HCO_3^-：碳酸氫根離子，CH_3COO^-：醋酸根離子

表6-3　有機物施用狀況與甲烷生成量（八木、2004）

有機物施用狀況	生成量（g/m²/年）
無施用	11.3
堆肥	14.2
稻草、綠肥	19.0

2 旱田土壤

(1) 旱田土壤的分佈

相對於一般分佈於低地的水田，旱田主要分佈在山麓、丘陵和台地。日本各地都有火山分佈，台地大多是火山灰土壤。日本的旱田土壤（117萬ha）中，黑火山灰土佔47%，褐色森林土佔16%，褐色低地土佔13%，紅黃土佔8%，其他則佔16%（圖6—6）。

黑火山灰土所佔的比例最高，不過，一般稱之為礦質旱田土壤（腐植質少的非火山灰土）的褐色森林土、褐色低地土、紅黃土等非火山灰的旱田也不少。

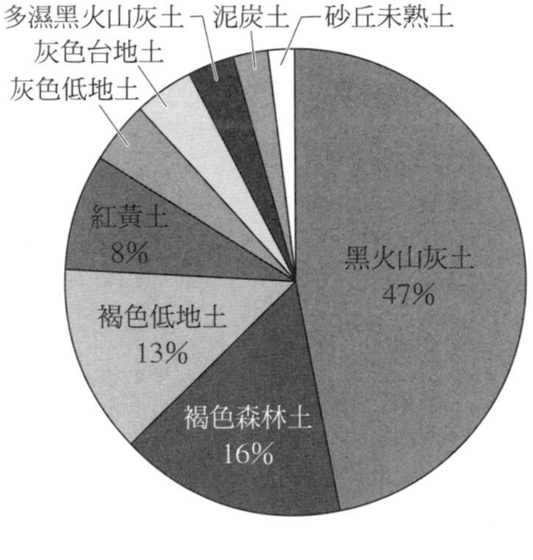

多濕黑火山灰土
泥炭土
砂丘未熟土
灰色台地土
灰色低地土
紅黃土 8%
黑火山灰土 47%
褐色低地土 13%
褐色森林土 16%

圖6-6 旱田土壤的分佈
（117萬ha、2010）

(2) 旱田土壤的特徵

○黑火山灰土、礦質土壤的特徵

黑火山灰土等火山灰土壤，主體為富含鋁、鐵等物質的鋁英石（譯註：Allophane），鈣和鎂的含量較少，容易變成酸性，同時磷酸不會溶解，作物難以吸收，因此必須進行酸性改良及磷酸改良。火山灰的顆粒小，容易被風或水帶走，比較容易受到土壤侵蝕（圖6—7）。

礦質土壤大多以花崗岩為母材，但花崗岩中的鈣和鎂含量較少，因此大多為酸性土壤。土壤多為顆粒稍大的砂質土壤，不易形成團粒構造，同時容易受到水蝕或風蝕（圖6—8）。

○旱田土壤的共通特徵

如上所述，日本旱田土壤的特徵，就是無論是火山灰土壤或礦質土壤，都容易酸性化，且容易受到風蝕、水蝕的影響。上述特徵可整理如下（圖6—9）。

①土壤中的鈣、鎂含量少，容易因為降雨或連作而變成酸性。

②由於土壤始終保持酸性狀態，有機物的分解速度較快。

此外，相較於黑火山灰土，礦質土壤中的有機物分解速度較快，再加上硝化作用旺盛，因此氮肥料會迅速溶於水中，成為硝酸鹽，氮容易因為滲透作用流入地下，或在表面流失。

③容易因為強風或降雨而產生土壤侵蝕現象。

④經常連續栽培同種作物，容易產生連作障礙。

○旱田土壤對肥料的高度依賴

與水田土壤相比，呈氧化狀態的旱田土壤地力消耗得非常激烈，即使有來自灌溉水的養分供給也依然不足。因此，旱田作物對肥料的依賴，遠遠高於對土壤中養分的依賴。

表6—4所示的例子，是埼玉縣園藝試驗場所進行的實驗，在不施肥的狀態下，葉菜類減收六五％，根莖類則減收三五％。對葉菜類的影響依序為氮＞鉀＞磷酸，對根莖類的影響則依序為鉀＞

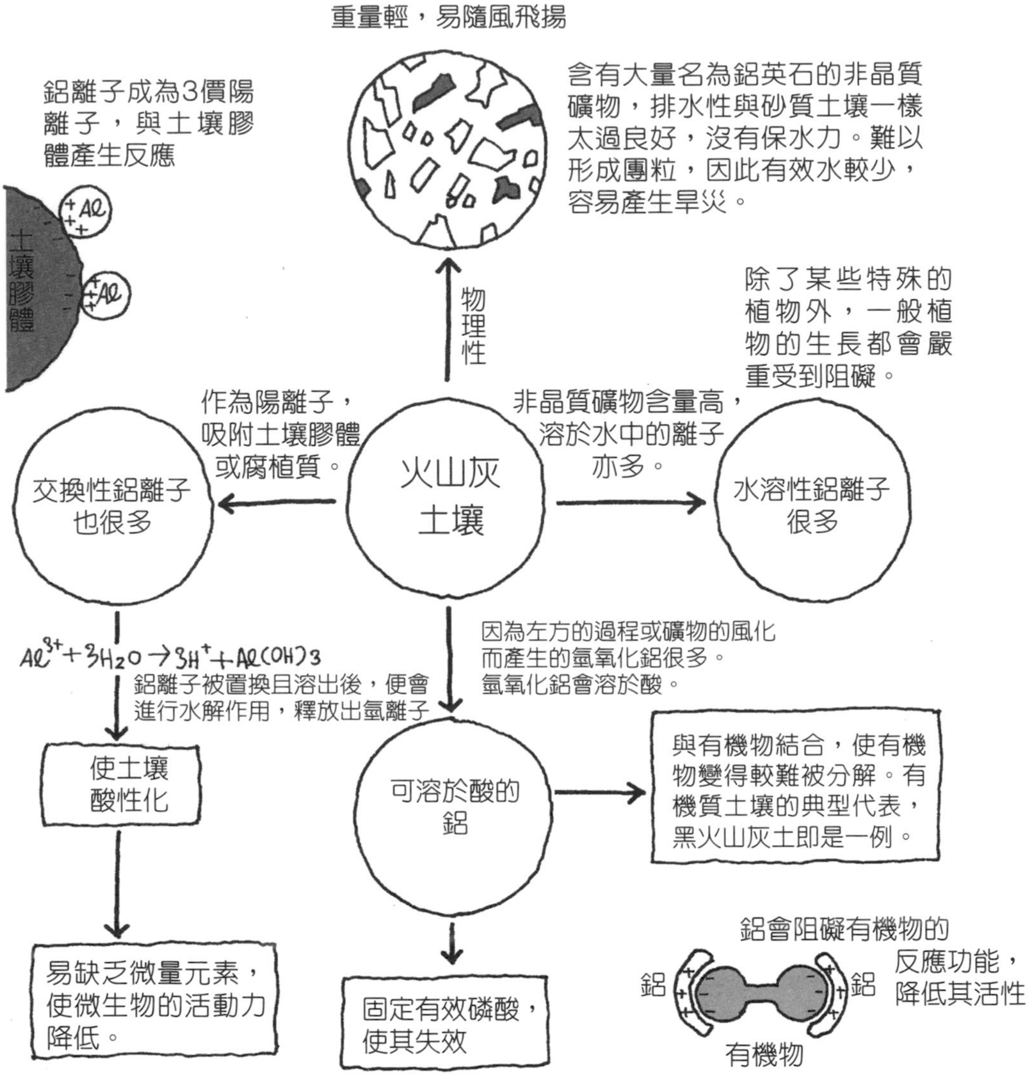

重量輕，易隨風飛揚
含有大量名為鋁英石的非晶質礦物，排水性與砂質土壤一樣太過良好，沒有保水力。難以形成團粒，因此有效水較少，容易產生旱災。
鋁離子成為3價陽離子，與土壤膠體產生反應
土壤膠體
Al
物理性
除了某些特殊的植物外，一般植物的生長都會嚴重受到阻礙。
作為陽離子，吸附土壤膠體或腐植質。
非晶質礦物含量高，溶於水中的離子亦多。
火山灰土壤
交換性鋁離子也很多
水溶性鋁離子很多
Al3++3H2O→3H++Al(OH)3
鋁離子被置換且溶出後，便會進行水解作用，釋放出氫離子
因為左方的過程或礦物的風化而產生的氫氧化鋁很多。氫氧化鋁會溶於酸。
使土壤酸性化
可溶於酸的鋁
與有機物結合，使有機物變得較難被分解。有機質土壤的典型代表，黑火山灰土即是一例。
易缺乏微量元素，使微生物的活動力降低。
固定有效磷酸，使其失效
鋁會阻礙有機物的反應功能，降低其活性
鋁
鋁
有機物

圖6-7　火山灰土壤的問題點

Al^{3+}：鋁離子，H_2O：水，H^+：氫離子，$Al(OH)_3$：氫氧化鋁

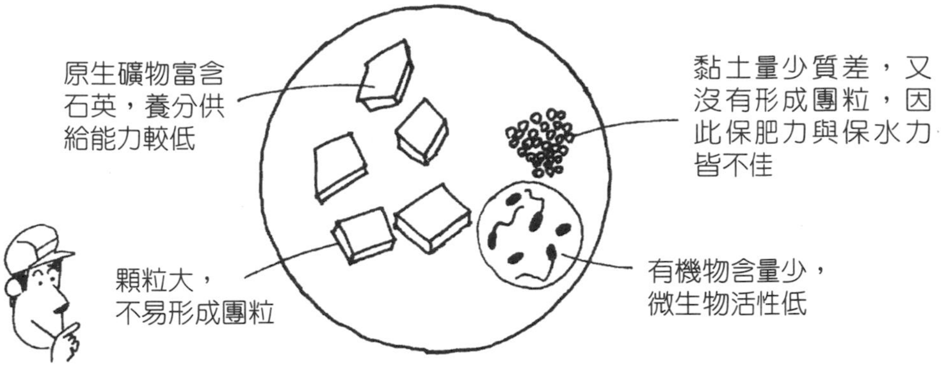
原生礦物富含
石英，養分供
給能力較低
黏土量少質差，又
沒有形成團粒，因
此保肥力與保水力
皆不佳
顆粒大，
不易形成團粒
有機物含量少，
微生物活性低

圖6-8　礦質土壤的問題點

表6-4　缺乏養分對蔬菜收成量的影響
（埼玉縣園試，以1966～1990年的平均值相對於三要素的指數呈現）

	葉菜類	根菜類
三要素區	100	100
無窒素區	35	73
無磷酸區	75	86
無鉀區	68	64
無肥料區	35	65

● 旱田的問題點（2）土壤呈現酸化狀態，有機物分解快速，氮肥料容易流失

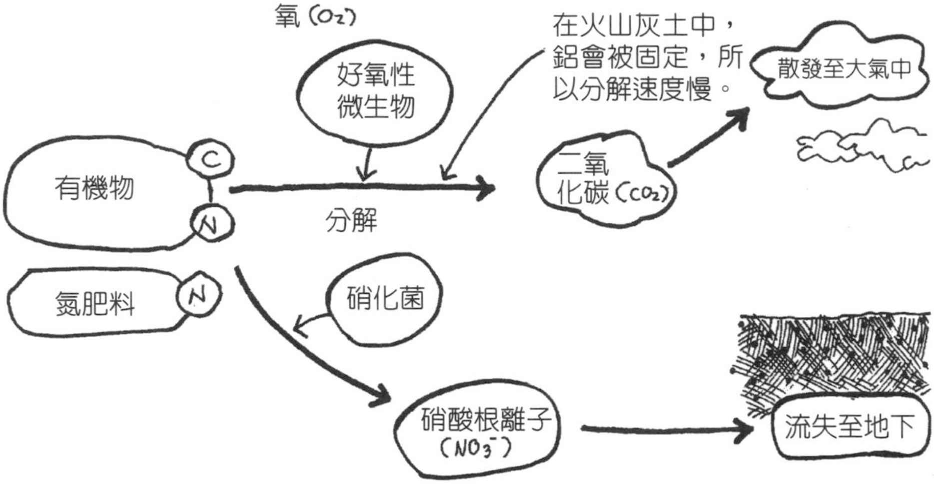

氧（O_2）
好氧性微生物
在火山灰土中，鋁會被固定，所以分解速度慢。
散發至大氣中
有機物
C
N
分解
二氧化碳（CO_2）
氮肥料
N
硝化菌
硝酸根離子（NO_3^-）
流失至地下

● 旱田的問題點（3）容易發生土壤侵蝕

風
雨
土壤飛散、流失
旱田大多位在緩坡

● 旱田的問題點（4）容易發生連作障礙

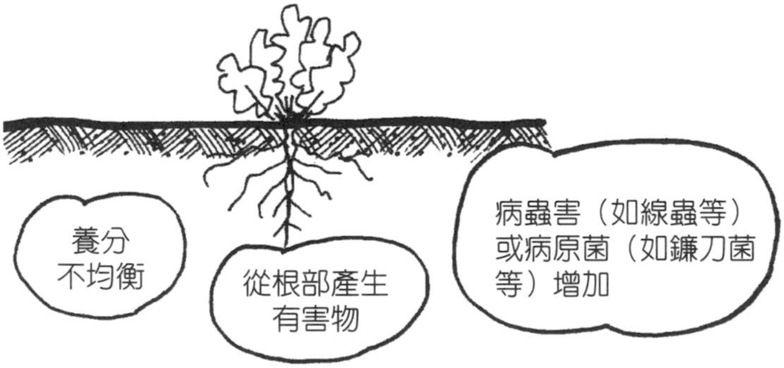

養分不均衡
從根部產生有害物
病蟲害（如線蟲等）或病原菌（如鐮刀菌等）增加

● 旱田的問題點（1）容易酸性化

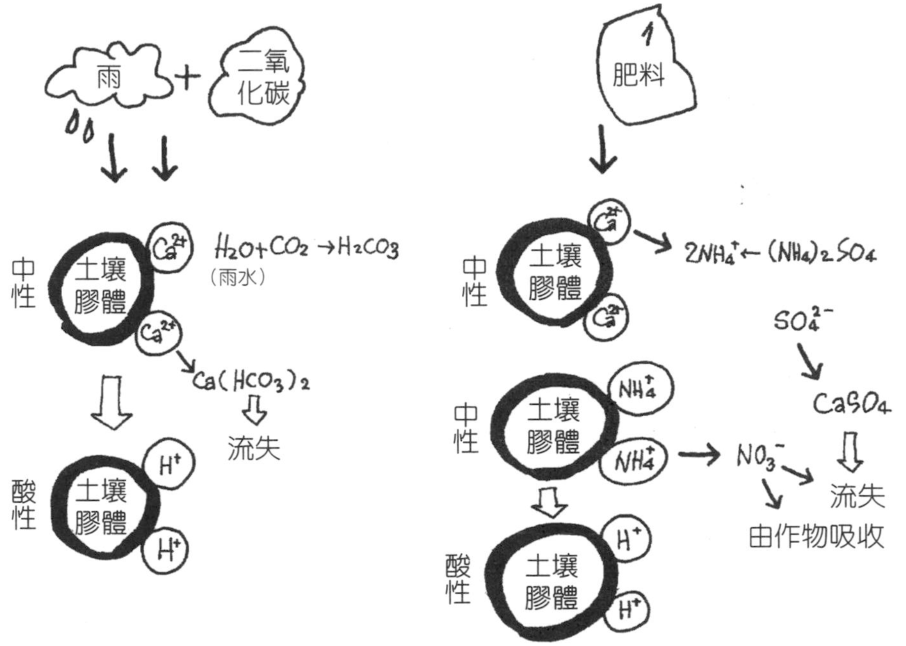
雨
二氧化碳
$H_2O + CO_2 \rightarrow H_2CO_3$
（雨水）
中性
土壤膠體
Ca^{2+}
$Ca(HCO_3)_2$
流失
酸性
H^+
肥料
$2NH_4^+ \leftarrow (NH_4)_2SO_4$
SO_4^{2-}
$CaSO_4$
NH_4^+
NO_3^-
流失
由作物吸收

● 雨水使土壤酸性化

雨水的H^+與土壤膠體的陽離子（Ca^{2+}等）置換，變成酸性

● 因施用酸性化學肥料而造成的酸性化

肥料的NH^{4+}與土壤膠體的陽離子（Ca^{2+}等）置換，NH^{4+}又變成NO_3^-而流失或被作物吸收，此時再有H+附著，於是變成酸性。

圖6-9　旱田的問題點

H_2O：水，CO_2：二氧化碳，H_2CO_3：碳酸，Ca^{2+}：鈣離子，$Ca(HCO_3)_2$：碳酸氫鈣，H^+：氫離子，NH_4^+：銨根離子，$(NH_4)_2SO_4$：硫酸銨，SO_4^{2-}：硫酸根離子，$CaSO_4$：硫酸鈣，NO_3^-：硝酸根離子

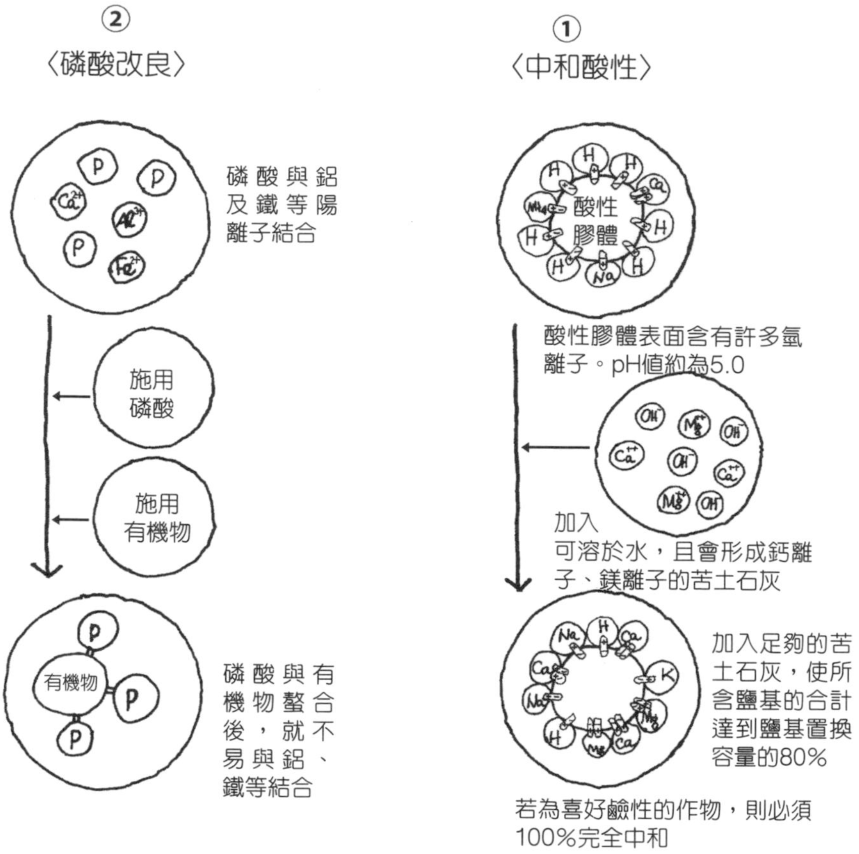
②
〈磷酸改良〉
磷酸與鋁及鐵等陽離子結合
施用磷酸
施用有機物
有機物
磷酸與有機物螯合後，就不易與鋁、鐵等結合
①
〈中和酸性〉
酸性膠體
酸性膠體表面含有許多氫離子。pH值約為5.0
加入可溶於水，且會形成鈣離子、鎂離子的苦土石灰
加入足夠的苦土石灰，使所含鹽基的合計達到鹽基置換容量的80%
若為喜好鹼性的作物，則必須100%完全中和

圖6-10　旱田的改良對策

Mg^{2+}：鎂離子，H^{+}：氫離子，Ca^{2+}：鈣離子，K^{+}：鉀離子，OH^{-}：氫氧化物離子，Na^{+}：鈉離子，NH_4^{+}：銨根離子，Al^{3+}：鋁離子，P：磷，Fe^{2+}：鐵離子

氮＞磷酸。

由此可知，旱田作物會大幅受到土壤養分量的影響。

(3) 旱田土壤的改良點

在管理旱田土壤時，必須採取下列改良對策（圖6－10）

①酸性化對策　在降雨量多的日本，鹽基類容易隨雨水流失，土壤pH值大多偏低，因此需要施用石灰質資材，進行土壤改良。在施用石灰質資材時，必須注意鹽基之間的平衡。

②磷酸改良　礦質土壤雖然不太需要，但在黑火山灰土中，施肥磷酸容易與土壤裡

③
〈堆肥與綠肥的利用〉

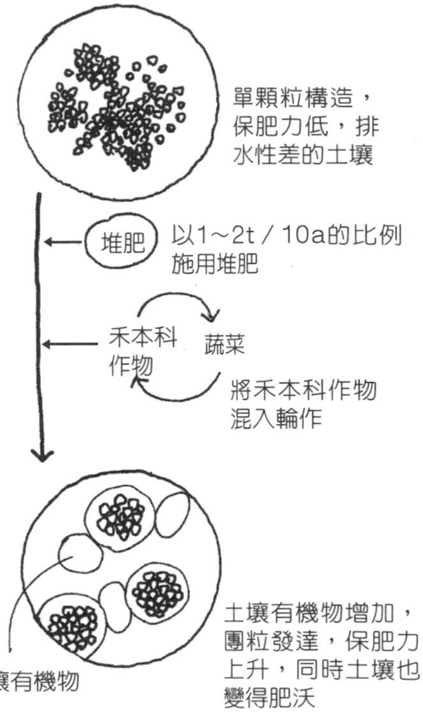
單顆粒構造，
保肥力低，排
水性差的土壤
堆肥
以1～2t／10a的比例
施用堆肥
禾本科
作物
蔬菜
將禾本科作物
混入輪作
土壤有機物
土壤有機物增加，
團粒發達，保肥力
上升，同時土壤也
變得肥沃

④
〈客土〉

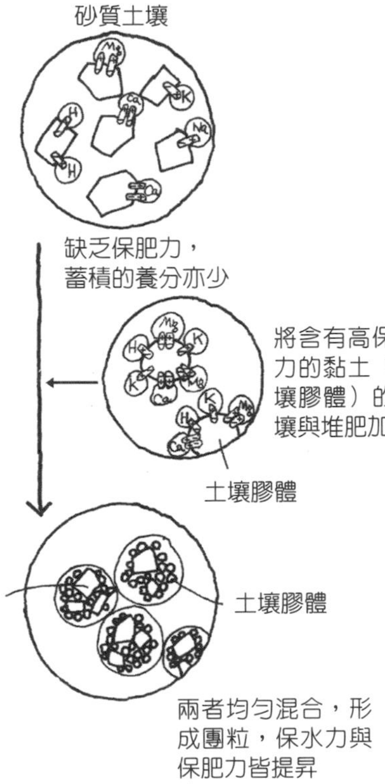
砂質土壤
缺乏保肥力，
蓄積的養分亦少
將含有高保肥
力的黏土（土
壤膠體）的土
壤與堆肥加入
土壤膠體
土壤膠體
兩者均勻混合，形
成團粒，保水力與
保肥力皆提昇

面的鋁和鐵結合，無法溶解，因此在新旱田特別需要進行磷酸改良。這時如果與有機物併用，效果更高。

③施用有機物　為了改善土壤的微生物性及物理性，應以每年1～2t/10a的比例，施用品質良好的堆肥。

另外，若能栽培玉米等禾本科作物作為綠肥混入，便可獲得輪作與供給有機物這兩個好處。

④客土　遇到保水力和保肥力皆低的砂質土壤時，可以加入含有優質黏土的土壤，促使土壤的團粒結構更發達，以達土壤改良之效。

3 果園土壤

(1) 果園土壤的分布

日本的果樹栽培面積約為31萬ha，其中柑橘類與蘋果類的栽培面積就佔了50％，其餘則是葡萄、梨、柿子、栗子等落葉果樹。

果園多位在坡地，因此栽培土壤主要為褐色森林土，佔果園土壤的37％，其次是紅黃土，佔24％，黑火山灰土佔21％，褐色低地土佔9％，其他佔9％（圖6－11）。

果園位在坡地的面積比例較高，坡度15度以上的果園面積比例超過20％。其中又以柑橘類與枇杷最高，佔40％以上。但蘋果、水蜜桃、葡萄、梨等，有60％以上位在坡度不滿五度的果園地，由此可見生長環境因樹種而異。

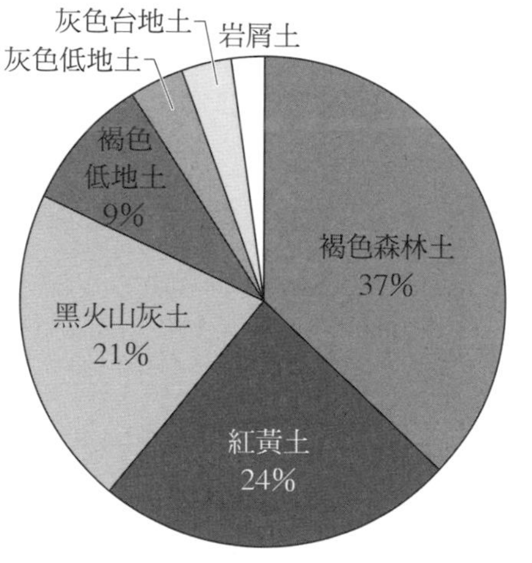
灰色台地土
岩屑土
灰色低地土
褐色低地土
9%
褐色森林土
37%
黑火山灰土
21%
紅黃土
24%

圖6-11　果園土壤的分布
（31萬ha、2010）

(2) 果園土壤的特徵

○多年生作物的深根性

果樹為多年生作物，亦為深根性植物。果樹的根最長能生長至地下60 cm以上，不過吸收水分及養分的細根，則多分佈在20～40 cm處。因此進行化學性改良時，必須將重點放在此範圍的土層中。

若進行深耕並施用有機物，改良下層土壤，擴大根群的範圍，果樹便能得到強化，提昇果實的產量。然而倘若吸收過多水分與氮，可能會使得果實的顏色和甜度降低，品質下降，因此必須格外注意。

○常見果樹的土壤特性

表6－5為各樹種適合的土壤特性。果樹的樹苗可以透過嫁接，以台木為根，繼續生長。但為了促進生長與確保果樹的耐病性，某些樹種會使用其他樹種作為台木。隨著台木的種類不同，根的生長方式也有所差異。

(3) 果園土壤的管理方法

果園土壤的管理方法，包括清耕法、草生法以及敷蓋等三種（圖6－12）。過去人們較常使用清耕法，後來由於發現了適合栽培果樹的草種，因此

表6-5　常見果樹的土壤特質　（梅宮、2001）

果樹名	耐濕性	耐乾性	根部深度	土壤條件	pH	肥料特性
橘子	弱	強	枳（Poncirus trifoliata）淺根 香橙（Citrus junos）深根	排水、透氣性佳 屬於黏土質土壤	5.0～6.0 （耐酸性）	吸肥力弱 肥效低
蘋果	中	弱	深根性	富含有機質的土壤	5.5～6.5	易出現氮過多障礙
葡萄	強	強	美國種淺根 歐洲種深根	排水、透氣性佳 屬於黏土質土壤	6.5～7.5 （嗜石灰性）	易出現氮過多障礙
梨	中	弱	深根性	富含有機質的土壤或砂壤土	6.0～7.0	對地力氮的依賴性高
水蜜桃	弱	中	中	砂質土壤 排水性佳的土壤	5.0～6.0 （耐酸性）	吸肥力強 氮不可過多
柿子	強	弱	深根性	富含有機質的土壤 地下水高亦無妨	5.0～6.0	不易吸收肥料
栗子	弱	強	中	富含有機質的土壤 排水性佳的土壤	5.0～6.0 （耐酸性）	對氮過多非常敏感

草生法便開始普及。此外，重視果實品質的敷蓋也漸漸變得普遍。

○清耕法

與旱田作物一樣，使用除草劑等除去地表雜草的方法。若為了除草而頻繁地翻土整地，斷根的狀況可能會影響作物的生長，因此冬季大多只會稍微整地。

○草生法

分為在整座果園地面種草的「全面草生法」，以及讓樹冠下方保持裸地，只在果樹之間種草的「部份草生法」。

草會枯死，或是在割草後回歸土壤，成為有機物。草種包括禾本科牧草與豆科牧草，但一般會選用在果實肥大期枯死的種類，以避免與果樹爭奪營養。

果園多位於坡地，而草生栽培具有預防土壤侵蝕的效果。

○敷蓋

過去主要採取為了預防土壤侵蝕、抑制土壤水分蒸發與雜草生長，而將稻草鋪撒於地表的稻草敷蓋法，但近年人們愈來愈重視果實品質，因此鋪設塑膠布或不織布的方法日漸普遍。

使用塑膠布後，土壤水分便不會受到降雨的影響，故能增加甜度，提昇果實的品質。此外，使用能反光的銀色塑膠布反射陽光，也具有增添果實色澤的功效。

○施用於果園的有機物

比較適合施用於果園的，是含氮量較少混合樹皮（譯註：Composted bark）等木質類的有機物，家畜糞便堆肥等高含氮的有機物較不適合。

木質類堆肥改良土壤物理性的效果佳，且具有持續性，但若腐熟不足，則容易產生導致土壤病害的紋羽病菌，因此必須使用完全腐熟的有機物。

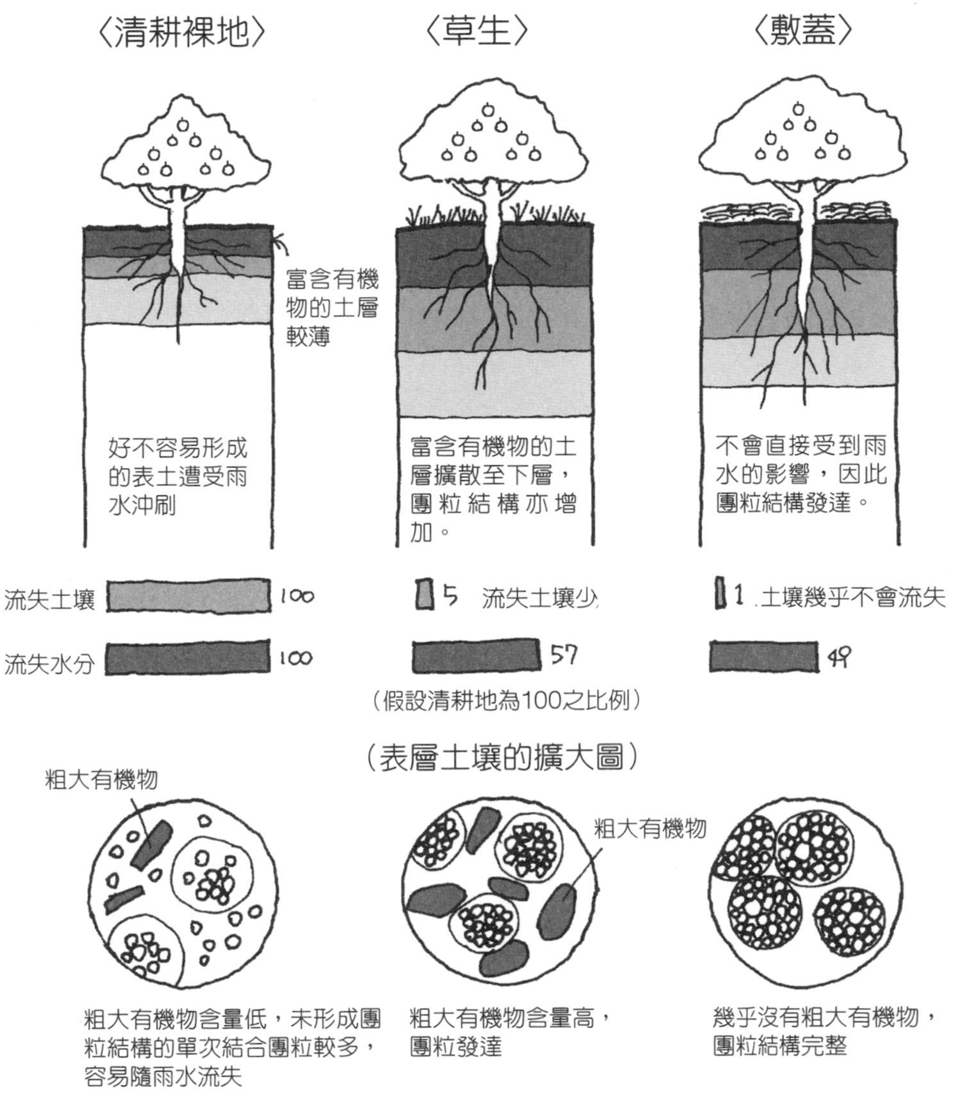
〈清耕裸地〉
〈草生〉
〈敷蓋〉
富含有機物的土層較薄
好不容易形成的表土遭受雨水沖刷
富含有機物的土層擴散至下層，團粒結構亦增加。
不會直接受到雨水的影響，因此團粒結構發達。
流失土壤
100
5
流失土壤少
1
土壤幾乎不會流失
流失水分
100
57
49
（假設清耕地為100之比例）
（表層土壤的擴大圖）
粗大有機物
粗大有機物
粗大有機物含量低，未形成團粒結構的單次結合團粒較多，容易隨雨水流失
粗大有機物含量高，團粒發達
幾乎沒有粗大有機物，團粒結構完整

	清耕栽培		草生栽培		敷蓋栽培	
深度(cm)	團粒*	粗孔隙(%)	團粒*	粗孔隙(%)	團粒*	粗孔隙(%)
0～10	2.5	9.2	28.8	22.5	12.1	14.8
10～20	3.8	9.1	3.5	9.2	6.8	10.4
20～30	3.5	8.3	3.6	8.7	5.2	9.0

圖6-12　不同果園管理方法所造成之土壤變化　（福島縣果樹研）
＊團粒指1mm以上的團粒量

4 茶園土壤

（1）茶園土壤的特徵

日本適合栽培茶樹的地區為關東以西，靜岡縣的栽培面積佔40％，其次依序為鹿兒島縣、三重縣、熊本縣。土壤大多為黑火山灰土及紅黃土，且多種植於坡地。

○樹冠與埂間的土壤大為不同

茶樹為多年生作物，具有深根性，且不耐溼，因此適合排水性良好的農地。理想的土壤狀況為擁有適度的保水力，排水性、透氣性良好，有效土層超過60 cm以上。

然而，茶樹一旦種植完成，則約有50年左右不會改種其他作物，施肥等管理作業

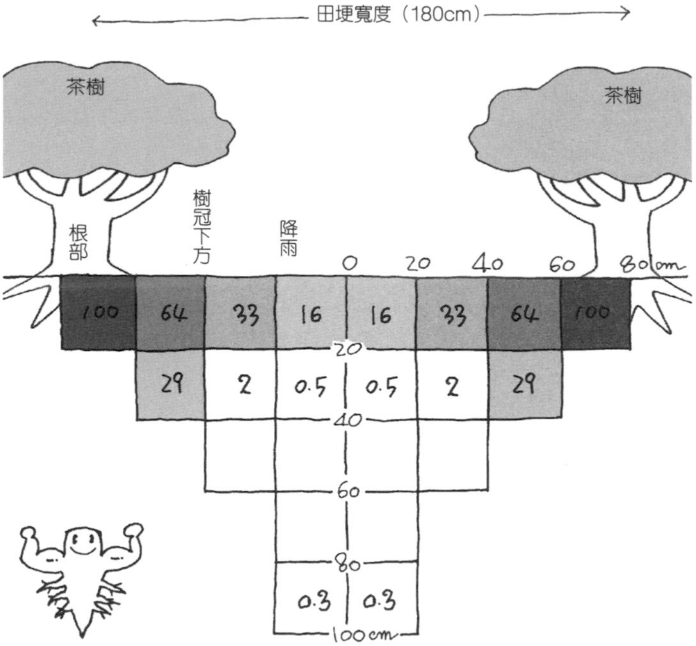

田埂寬度（180cm）
茶樹
茶樹
根部
樹冠下方
降雨
0
20
40
60
80cm
100
64
33
16
16
33
64
100
20
29
2
0.5
0.5
2
29
40
60
80
0.3
0.3
100cm

圖6-13　茶樹根部的活力狀況分佈（小泉，1984）
數字為根部活力相對比例，□白色部份為10以下

都只在田埂進行，因此不受人為因素影響的樹冠下土壤，性質與田埂土壤大異其趣。樹冠下土壤擁有大量落葉等有機物，根部處於良好的狀態，但是田埂土壤卻因為人為管理，受到農業機械的壓迫，故使得根部的活力降低（圖6—13）。

○茶園土壤為強酸性

茶園土壤與其他作物不同，屬於強酸性土壤，田埂的pH值偏低。一般而言，田埂的pH值約為4左右，但有時也會出現pH值3的狀況。土壤酸性化的原因，是因為施加的硫酸銨等生理酸性肥料（譯註：Physiological Acid Fertilizers）較多，使得硫酸根離子及硝酸根離子不斷累積；而這些離子的移動，又使得鈣、錳等鹽基類出現淋溶現象。pH值一旦降低，鋁的活性就會增強。

茶葉的生長速度與茶葉中所含的胺基酸，對收穫量與品質有極大的影響，因此茶農經常使用過量的氮肥料，造成了土壤的酸性化。茶樹雖然喜歡酸性，但土壤一旦酸性化，就會產生鈣、鎂不足，以及磷酸的肥效因為鋁而降低的問題（圖6—14）。

○耐強酸性的微生物棲息於此

強酸性土壤的生物性雖低，但茶園土壤中卻棲息著特殊的微生物。例如硝化作用在酸性土壤中會遭到阻礙，一般認為其pH值的極限為4.5左右；但在茶園土壤中，即使pH值只有3，也會有硝化菌適應該環境，進行硝化作用。

此外，茶樹的細根上有AM菌（VA菌根菌）寄生，幫助根部吸收磷酸。

(2) 茶樹的施肥量

○多肥與環境污染

影響茶葉品質的味道與香氣，是最受重視的，尤其是與味道密切相關的氮成份（胺基酸類）格外重要，茶農為了提高品質，一般會採取氮成分100kg/10a以上的多肥栽培。茶園位於山間的坡地，過剩的肥料會流入河川，造成環境污染。

一般認為，依照茶樹的特性來看，氮施用量在30kg/10a的時候，收穫量就已經幾乎達到極限。

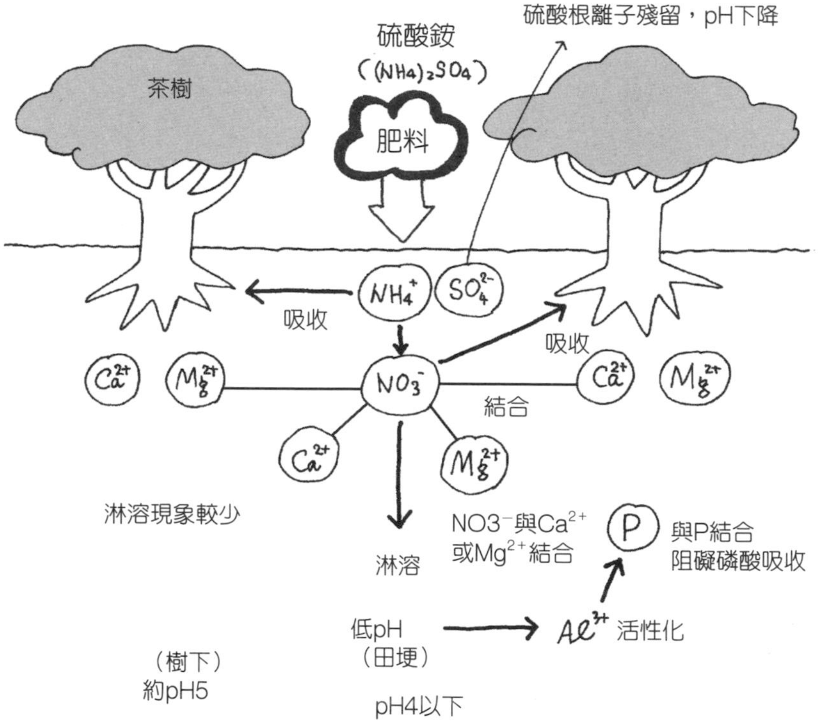
硫酸根離子殘留，pH下降
硫酸銨
（$(NH_4)_2SO_4$）
茶樹
肥料
NH_4^+
SO_4^{2-}
吸收
吸收
Ca^{2+}
Mg^{2+}
NO_3^-
結合
Ca^{2+}
Mg^{2+}
Ca^{2+}
Mg^{2+}
淋溶現象較少
淋溶
$NO3^-$與Ca^{2+}
或Mg^{2+}結合
P
與P結合
阻礙磷酸吸收
低pH
（田埂）
Al^{3+} 活性化
（樹下）
約pH5
pH4以下

圖6-14　茶園土壤的低pH質狀況

NH_4^+：銨根離子，SO_4^{2-}：硫酸根離子，NO_3^-：硝酸根離子，
Ca^{2+}：鉀離子，Mg^{2+}：鎂離子，P：磷，Al^{3+}：鋁離子

靜岡縣透過測滲計（譯註：lysimeter）來測量氮肥的動態，以此為例，當施肥量為54kg/10a的時候，茶樹所吸收的氮量為20.7kg，因為滲透水而遭到淋溶的量則為5.0kg；然而將施肥量提高為兩倍（氮108kg）時，吸收量只會增加3kg/10a，但淋溶量卻增加為20kg，也就是4倍（圖6—15）。

○減少施肥量

茶葉的品質相當重要，而提昇品質需要施肥。肥料施用量的有效上限值雖然尚未明朗，但目前已經確定，就算施用超過50～60kg/10a的氮，也無法提昇品質。為了避免環境污染，人們開始減少施肥量。

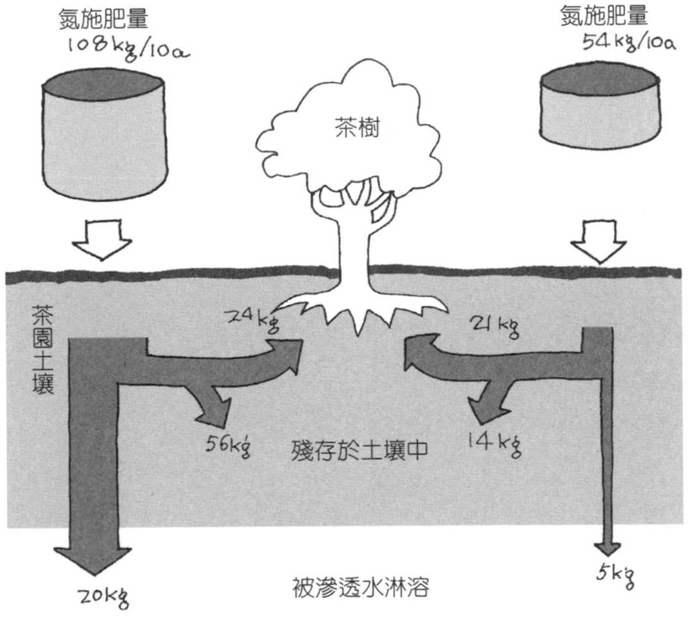

氮施肥量
108kg/10a
氮施肥量
54kg/10a
茶樹
茶園土壤
24kg
21kg
56kg
殘存於土壤中
14kg
被滲透水淋溶
20kg
5kg

圖6-15　茶園的氮施肥量與其利用方式（靜岡縣）

5 草地

(1) 草地土壤的特徵

○野草地與牧草地

草地可大分為野草地和牧草地。野草地是主要由結縷草、芒草、淡竹葉等日本原生草類構成的多年生草地，而牧草地則是將外來種禾本科牧草與豆科牧草混合栽培的草地。

日本的牧草地約有80％位在北海道，其次依序為岩手縣、青森縣、熊本縣。草地土壤多為黑火山灰土與褐色森林土。

○多呈酸性且缺乏磷酸

草地多位於火山灰土壤或礦質土壤等山上的貧瘠土壤地帶。尤其是日本因為雨量多，這種土地多為酸性土壤，且缺乏磷酸。因此，在打造草地的時候，必須加入石灰質肥料或磷酸資材，進行土壤改造（圖6－16）。

此外，為了永久栽培，草地一般不會翻土整地，土壤不會受到攪拌，因此在家畜等的踩踏下，表面土壤會變得紮實而堅硬（圖6－17）。

○與耕地土壤的不同
——形成根層並逐漸團粒化

草地土壤與其他耕地土壤的差別，在於不整地且連續利用多年。栽培多年生牧草時，新草根每年都會伸展於舊草根之間，與舊草根交織在一起，愈靠近地表的土層，草根就愈發達，在距離表層0～5cm的部份形成根層（root mat）。根層上方會累積牧草枯死的莖葉，成為土壤生物的營養來源，提高土壤生物的活性。

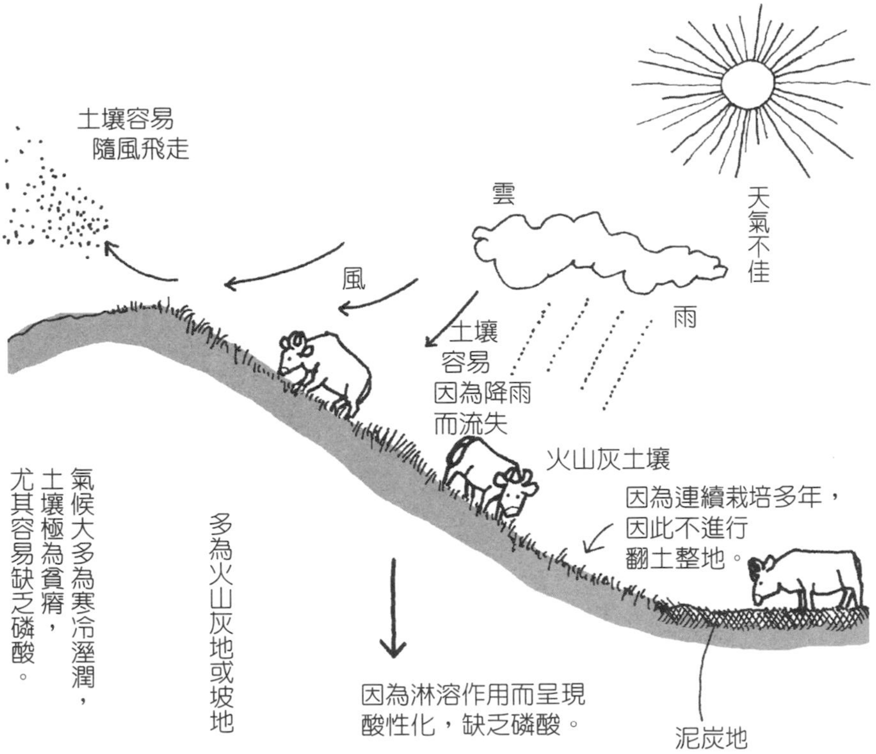
土壤容易
隨風飛走
雲
天氣不佳
風
雨
土壤
容易
因為降雨
而流失
火山灰土壤
因為連續栽培多年，
因此不進行
翻土整地。
氣候大多為寒冷溼潤，
土壤極為貧瘠，
尤其容易缺乏磷酸。
多為火山灰地或坡地
因為淋溶作用而呈現
酸性化，缺乏磷酸。
泥炭地

圖6-16　草地土壤的特徵與問題點

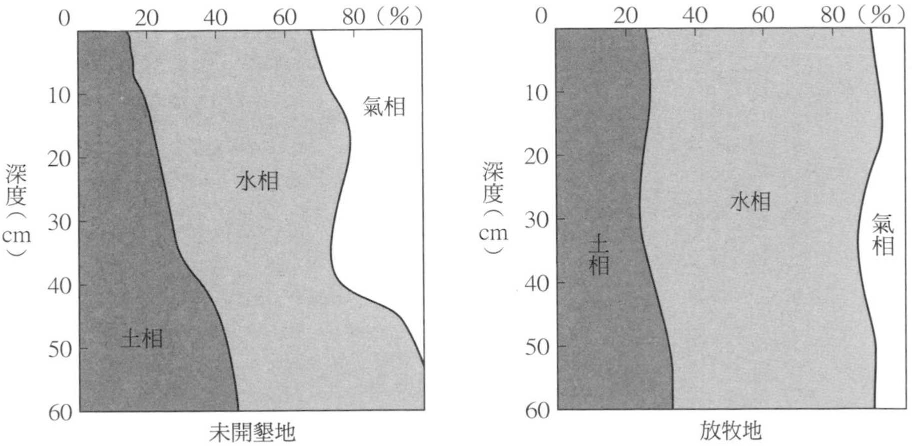
0
20
40
60
80（%）
10
20
30
40
50
60
深度（cm）
氣相
水相
土相
未開墾地
放牧地

圖6-17　土壤三相因放牧而呈現的差異　（北海道農試）

相較於未開墾地，放牧地的土壤因為牛隻的碾壓而變得堅硬，氣相變少。

微生物的活性一旦提高，土壤顆粒就會互相結合，形成耐水性團粒。地表始終覆蓋著莖葉，也少有機械的碾壓，因此團粒不易毀壞，栽培期間愈長，團粒結構就愈紮實。尤其是禾本科牧草的細根很多，更容易形成團粒。

此外，豆科稻草則是枯死後的根較容易被分解，因此幾乎沒有形成根層。

(2) 草地土壤的管理與改良

○草地管理的課題

牧草的生長能力強，禾本科牧草會大量搶走土壤中的氮與鉀，豆科牧草則會大量搶走土壤裡的鉀和鈣，因此必須配合草的種類進行施肥管理。

在放牧地，被牛吃下的牧草裡的養分，大部份會成為糞尿回到土壤中。牛隻不會吃排糞處的牧草，因此排糞地點的牧草容易過度茂盛。另外，若為了增加牧草的收成量而施用過剩的肥料或糞尿，食用此牧草的家畜也會產生健康上的問題（圖6—18）。

○硝酸中毒與青草痙攣症

施用於草地的肥料，大多為混合了家畜糞尿的懸濁液（譯註：slurry）（固體與液體呈現懸濁狀態）假如過度施用，將使牧草的品質惡化。

若在草地施用大量的氮，硝酸態氮便會蓄積在牧草中，使牛隻產生硝酸中毒的情形。這是因為牛隻第一胃中的微生物會將牛隻所吸收的硝酸還原為亞硝酸，再被牛隻所吸收。亞硝酸會將紅血球中的血紅素轉化為高鐵血紅蛋白（譯註：Methaemoglobin），妨礙血紅素搬運氧氣的功能，引發缺氧現象。

此外，牛的糞尿中含有大量的鉀，因此假如大量連續施用糞尿，土壤便會蓄積大量的鉀，妨礙土壤吸收可以與其抗衡的鎂。如此一來，K/（Ca+Mg）便會增加，導致牛隻罹患青草痙攣症（低鎂血症）。

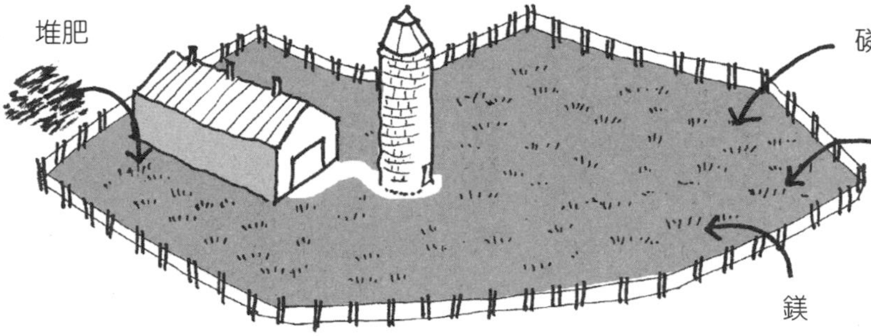

堆肥
磷酸
石灰
鎂

首先進行整土

① 種植牧草之前的原野

② 給予磷酸、石灰或鎂等

③ 狀況良好的草地

④ 狀況不佳的草地

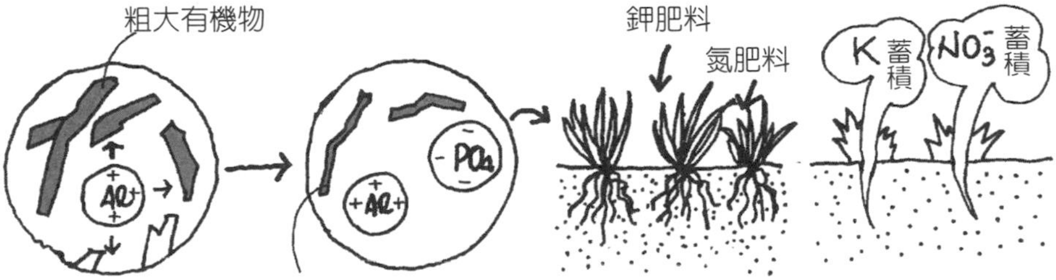

粗大有機物
Al
PO4
鉀肥料
氮肥料
K 蓄積
NO3⁻ 蓄積
因為微生物作用而逐漸腐植化的粗大有機物

- 成為草地之前的原野較偏酸性，因此鋁的活性高。另外，土壤中有許多尚未分解的粗大有機物，土壤貧瘠。
- 為了改善酸性、增加微生物的活性，可施用磷酸、石灰或鎂。如此一來，鋁便會喪失其活性，粗大有機物亦能形成保肥力高的腐植質。
- 豆科牧草能補充大部分的氮，而堆肥則能補充鉀，然而若想維持狀態良好的草地，依然需要適量的施肥。
- 因為施肥過多而使得鉀（K）與硝酸根離子（NO_3^-）蓄積，導致家畜罹患疾病。

禾本科牧草 

- 吸收大量氮與鉀

豆科牧草 

- 吸收大量鉀與鈣
- 根瘤菌將氮自空氣中固定

圖6-18　草地的土地改良

○草地土壤的改良

草地在翻土整地、播種，進行人工造地（更新）之後，接下來至少會持續栽種數年至數十年，不會再進行翻土整地。

施肥或家畜糞尿的還原作用，也只施用於草地表面，不像水田或旱田一樣充分混合於土壤中。

此外，多年生草地上枯死的草根與匍匐莖會堆積在距離地表數公分處，形成根層，形成養分過度集中於表層的現象。因此，草地需要進行與旱田不同的土壤改良，例如將草地全面翻土整地（全面更新），或是將一部分草地攪拌後再施肥（簡易更新）（圖6—19）。

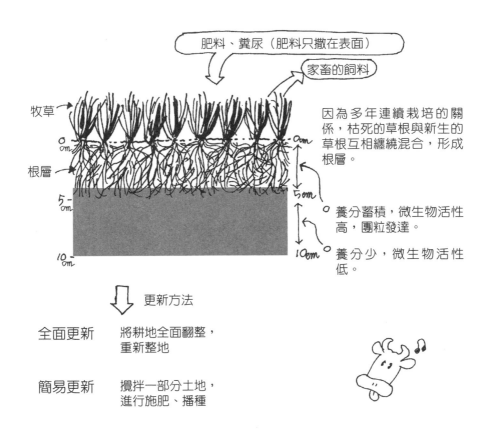

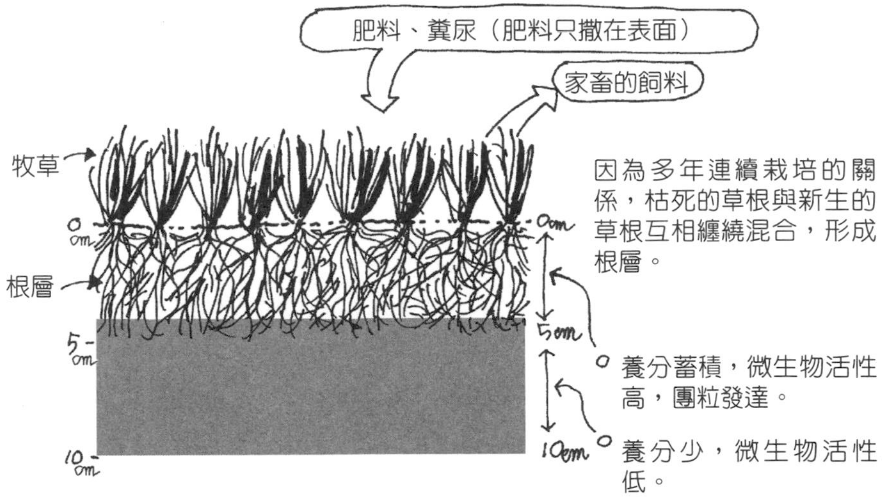
肥料、糞尿（肥料只撒在表面）
家畜的飼料
牧草
根層
0cm
5cm
10cm
因為多年連續栽培的關係，枯死的草根與新生的草根互相纏繞混合，形成根層。
養分蓄積，微生物活性高，團粒發達。
養分少，微生物活性低。

更新方法

全面更新　將耕地全面翻整，重新整地

簡易更新　攪拌一部分土地，進行施肥、播種

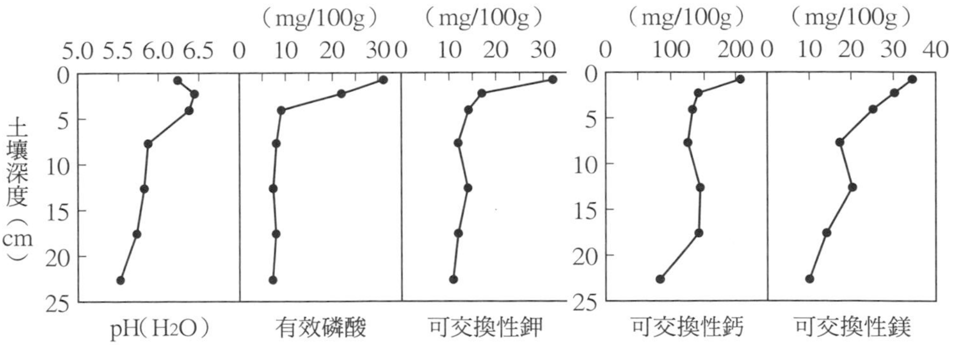
(mg/100g)
(mg/100g)
(mg/100g)
(mg/100g)
5.0 5.5 6.0 6.5
0 10 20 30
0 10 20 30
0 100 200
0 10 20 30 40
0
5
10
15
20
25
土壤深度（cm）
pH(H2O)
有效磷酸
可交換性鉀
可交換性鈣
可交換性鎂

一旦形成根層，養分就會在表面蓄積

圖6-19　在草地上形成的根層　（松中）

6 設施栽培土壤

(1) 設施栽培土壤的特徵

設施栽培自一九五〇年代後半開始普及，從一九七〇年代開始急速增加。設施栽培是在覆蓋著玻璃或塑膠布的小屋裡培育作物，因此也稱為溫室栽培。在此種栽培方式下，由於不會受到降雨的影響，再加上一整年的氣溫都保持偏高，因此土壤環境與露天栽培的土壤截然不同。

設施栽培的土壤大部分使用當地的土壤，但有時也會使用來自其他地區的客土。尤其是人造水田，更是使用了大量的客土。在以客土打造的栽培設施中，由於建造初期受到大型機械的碾壓，導致耕盤形成，有時會出現物理性的惡化。

一旦耕盤形成，不只會使根部停止向下生長，肥料養分更是會蓄積在耕盤上方，阻礙作物根部的正常生長。

(2) 鹽類的累積

設施栽培不會受到降雨的影響，在一般的管理下，灌溉量僅有終年降雨量的20％。因此，肥料成份會不斷堆積，幾乎在所有的設施栽培土壤都能看見氮、磷酸和鉀的堆積問題。露天土壤會因為降雨而使得養分流失，蓄積在下層，但在設施裡，反而是下層的水分蒸散時，將土壤中的水溶性成份帶回表面，讓鹽類堆積在表面。這就是所謂的鹽類堆積（圖6—20）。

當鹽類不斷堆積，土壤的EC（Electrical Conductivity，電導度）便會升高，甚至使得作物

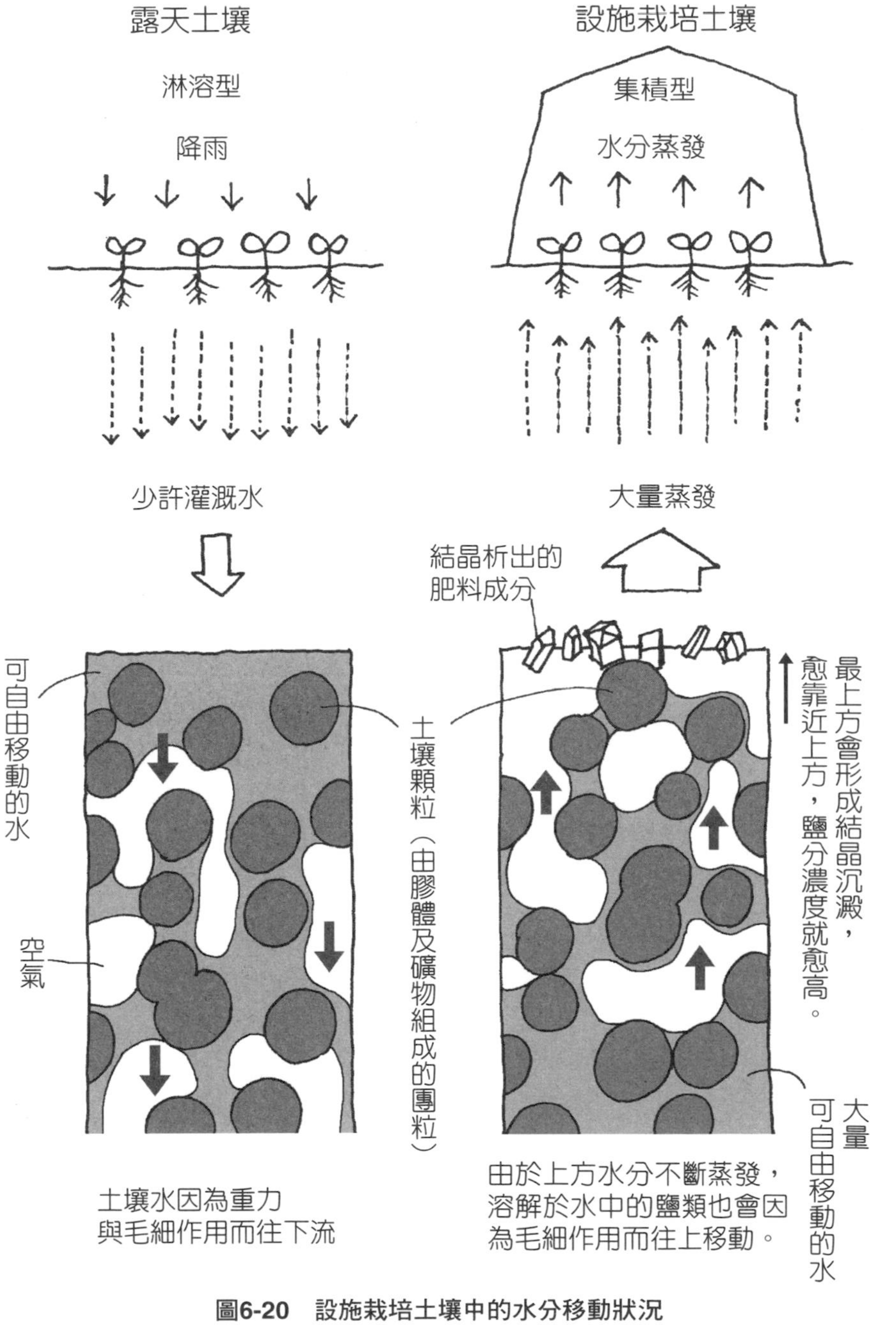
露天土壤
淋溶型
降雨
少許灌溉水
可自由移動的水
空氣
土壤顆粒（由膠體及礦物組成的團粒）
土壤水因為重力
與毛細作用而往下流
設施栽培土壤
集積型
水分蒸發
大量蒸發
結晶析出的
肥料成分
最上方會形成結晶沉澱，
愈靠近上方，鹽分濃度就愈高。
大量
可自由移動的水
由於上方水分不斷蒸發，
溶解於水中的鹽類也會因
為毛細作用而往上移動。

圖6-20　設施栽培土壤中的水分移動狀況

枯死。導致鹽類障礙的原因，可能是土壤溶液的滲透壓增加，阻礙根部吸收養分，對特定離子造成有害作用，破壞養分的平衡狀態。這些問題會互相影響，對作物造成損害（圖6—21）。

此外，大多數的設施栽培每年都會栽培相同的作物，如此一來，便容易因為病原菌累積等因素而產生連作障礙。因此，一般設施栽培都會反覆進行土壤消毒，但這樣的行為又會擾亂微生物的生態，使物質代謝出現異常，無疑是造成土壤疲勞的原因。

（3）過度施肥所引起的氣體障礙

設施由於內部與戶外空氣之間的氣體交換受到阻擋，同時又受到暖氣的影響，因此室內的氣體組成與戶外不同。此外，設施大多採用施用大量肥料的栽培法，有時可能產生由氨氣與亞硝酸氣體引起的障礙（圖6—22）。

土壤的pH值偏高時，氨會氣體化，形成有害的氨氣。而在酸性土壤中，亞硝酸氧化菌的活動力會受到抑制，亞硝酸一旦蓄積，便會形成亞硝酸氣體。由於氮的型態變化取決於硝化菌的活動力，故此種現象常見於剛完成土壤消毒，微生物數量降低的農地。

（4）設施栽培土壤的管理

在長期進行栽培的設施裡，經常出現鹽類堆積與連作障礙。要改善鹽類堆積，最基本的方法就是不施用石灰質的資材，同時必須透過土壤診斷，將鹽基平衡維持在適當的狀態（鈣：鎂：鉀＝5：2：1）。

若想積極地除去鹽類，可栽培高粱等有抑草作物（譯註：cleaning crop）之稱、可大量吸收養分的作物，以吸收鹽類。

栽培禾本科的作物，也能防止連作障礙。

而若想防止土壤病原菌引起的連作障礙，則必須仰賴土壤消毒。土壤消毒劑是藥效非常強的藥

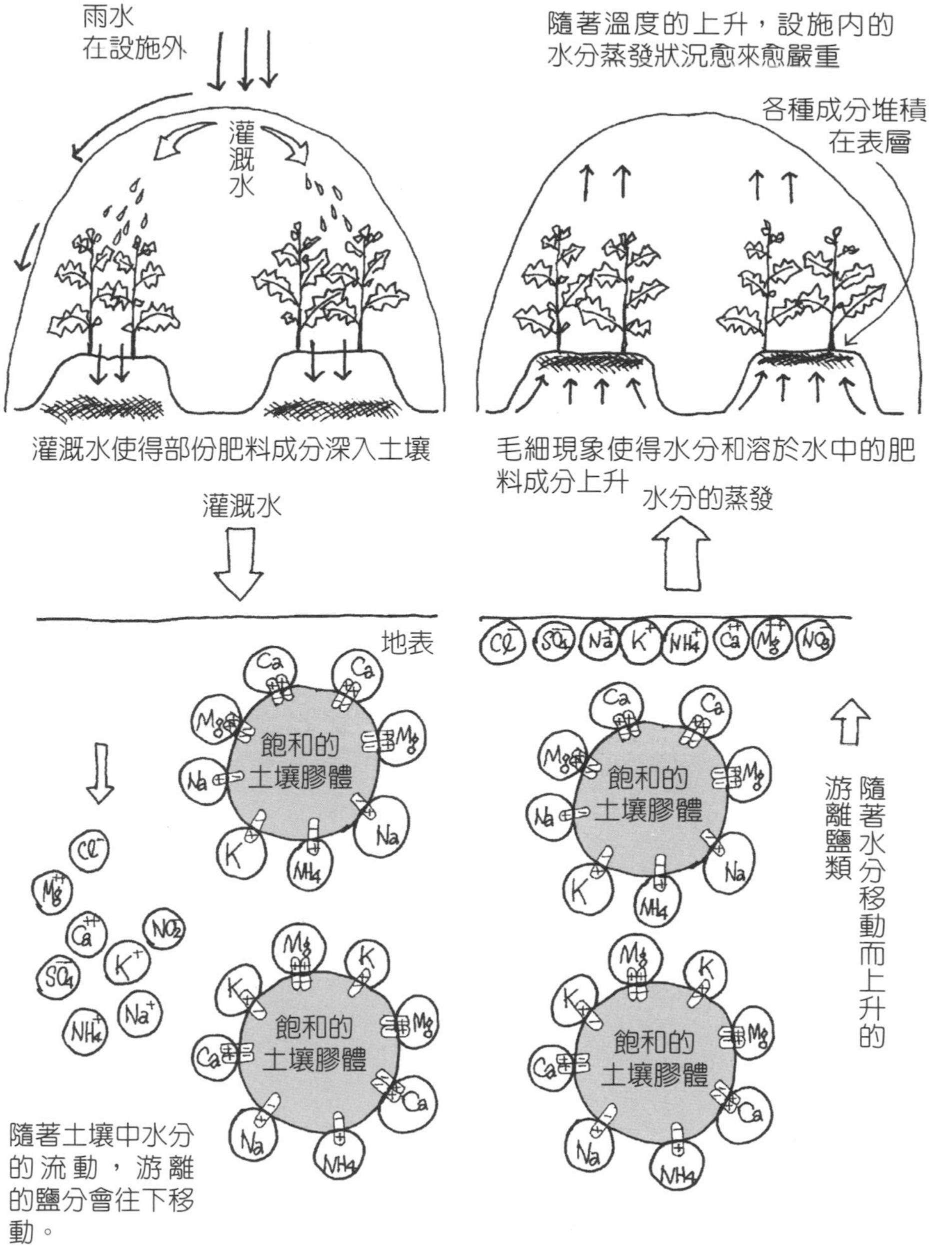
雨水
在設施外
灌溉水
灌溉水使得部份肥料成分深入土壤
隨著溫度的上升，設施內的
水分蒸發狀況愈來愈嚴重
各種成分堆積
在表層
毛細現象使得水分和溶於水中的肥料成分上升
灌溉水
水分的蒸發
地表
飽和的
土壤膠體
隨著土壤中水分的流動，游離的鹽分會往下移動。
隨著水分移動而上升的游離鹽類

圖6-21　堆積在設施土壤中的鹽類

Ca^{2+}：鈣離子，Mg^{2+}：鎂離子，Na^{+}：鈉離子，K^{+}：鉀離子，NH_4^{+}：銨根離子，Cl^{-}：氯離子，NO_3^{-}：硝酸根離子，SO_4^{2-}：硫酸根離子

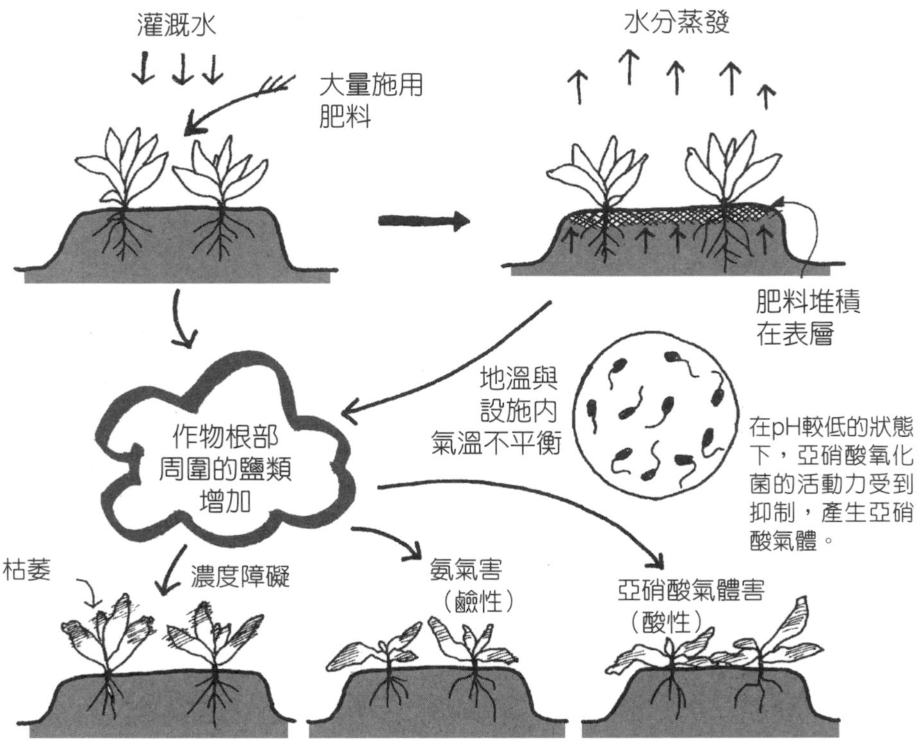
灌溉水
大量施用
肥料
水分蒸發
肥料堆積
在表層
地溫與
設施內
氣溫不平衡
作物根部
周圍的鹽類
增加
在pH較低的狀態
下，亞硝酸氧化
菌的活動力受到
抑制，產生亞硝
酸氣體。
枯萎
濃度障礙
氨氣害
（鹼性）
亞硝酸氣體害
（酸性）

圖6-22　設施栽培中常見的氣體害

劑，但其缺點是不只殺死土壤病原菌，連有益的微生物都會一併殺死，擾亂土壤微生物生態。因此，土壤消毒後，必須施用品質良好的堆肥，作為供給微生物的來源。

另外有一種潑撒熱水的熱水消毒法，這種方法不但能殺死病原菌，還可沖走蓄積在土壤中的過剩鹽類（圖6—23）。

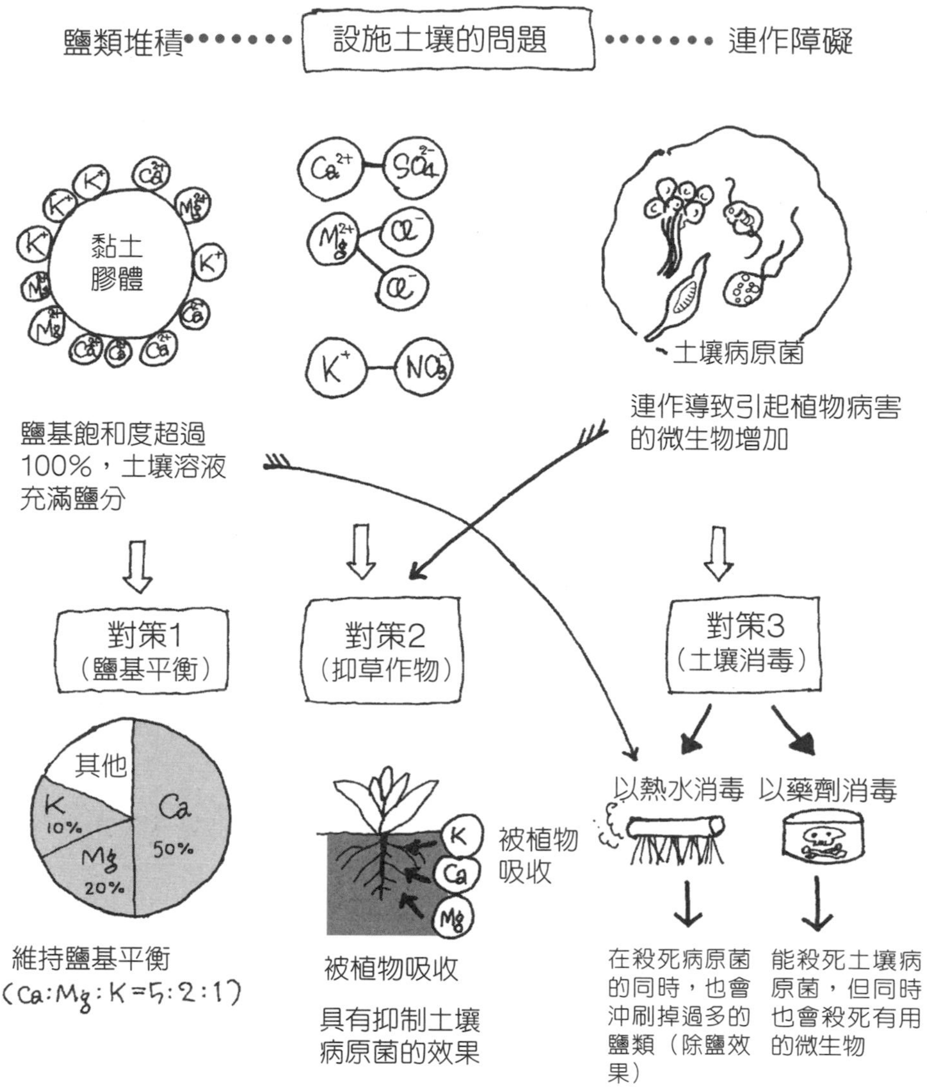
鹽類堆積
設施土壤的問題
連作障礙
黏土膠體
土壤病原菌
連作導致引起植物病害的微生物增加
鹽基飽和度超過100%，土壤溶液充滿鹽分
對策1（鹽基平衡）
對策2（抑草作物）
對策3（土壤消毒）
其他
K 10%
Mg 20%
Ca 50%
維持鹽基平衡
(Ca:Mg:K=5:2:1)
被植物吸收
被植物吸收
具有抑制土壤病原菌的效果
以熱水消毒
以藥劑消毒
在殺死病原菌的同時，也會沖刷掉過多的鹽類（除鹽效果）
能殺死土壤病原菌，但同時也會殺死有用的微生物

圖6-23　設施栽培土壤

K^{+}：鉀離子，Mg^{2+}：鎂離子，Ca^{2+}：鈣離子，SO_4^{2-}：硫酸根離子，Cl^{-}：氯離子，NO_3^{-}：硝酸根離子

第7章

荒廢的土壤

1 水田土壤的老化

正如同人類會隨著年齡的增長而逐漸衰老，若連續不斷地栽培作物，土壤的肥沃度也會降低，作物的收成量也會減少。這種現象一般稱為土壤的老化（老朽化），主要是由於土壤養分流失所造成，在水田與旱田的狀態不同（圖7—1）。

(1) 老化（秋衰）的機制

在水田栽培中，有時會出現稻米在成長中期之前發育都很正常，然而一旦進入幼穗形成期，成長速度便開始降低，造成因為稻米發育不良而歉收的情形。由於這種現象出現在秋天收穫期，故稱為「秋衰」。

水田土壤擁有湛水條件，土壤呈現還原狀態，以鐵、硫磺為中心展開物質變化。在處於還原狀態的土壤中，不易溶於水的三價鐵（Fe^{3+}）會轉化為易溶於水的二價鐵（Fe^{2+}）；含有肥料與有機物的硫磺，則會轉化為硫化氫（H_2S）。

硫化氫在含鐵量較高的一般土壤中，會與二價鐵結合，形成硫化鐵（F_eS），因而變得無害。

因老化而缺鐵的土壤，硫化氫會不斷累積，影響稻作根部的生長，使得稻作枯死（圖7—2）。

此外，土壤中的錳與其他鹽基類一旦處於還原狀態，便容易流失，因此土壤就會變得更貧瘠。

(2) 容易老化的土壤與不易老化的土壤

影響各種土壤老化速度的因素如下。

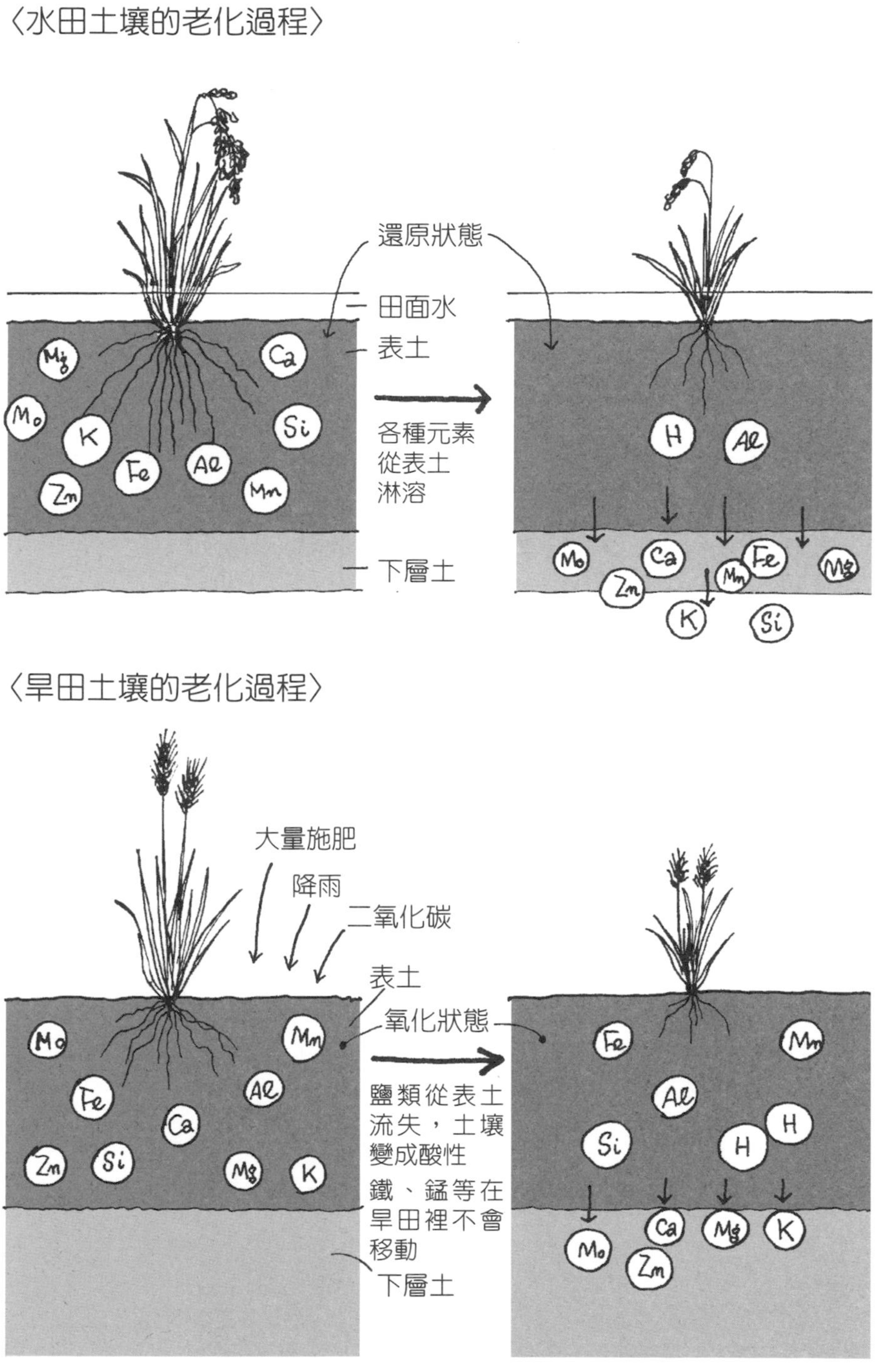
〈水田土壤的老化過程〉
還原狀態
田面水
表土
各種元素
從表土
淋溶
下層土
〈旱田土壤的老化過程〉
大量施肥
降雨
二氧化碳
表土
氧化狀態
鹽類從表土
流失，土壤
變成酸性
鐵、錳等在
旱田裡不會
移動
下層土

圖7-1　水田土壤與旱田土壤老化的差異

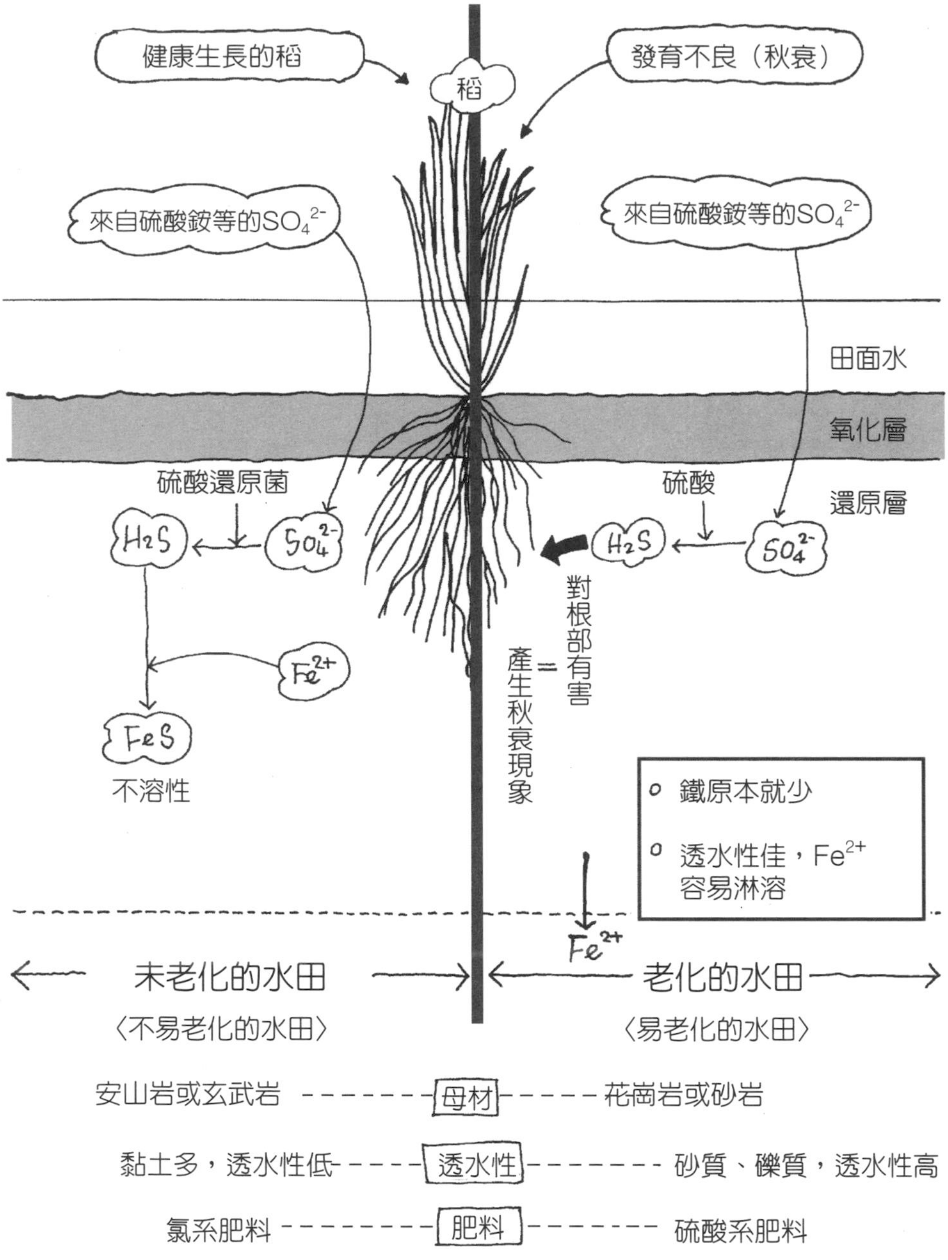
健康生長的稻
稻
發育不良（秋衰）
來自硫酸銨等的SO_4^{2-}
來自硫酸銨等的SO_4^{2-}
田面水
氧化層
還原層
硫酸還原菌
H_2S
SO_4^{2-}
Fe^{2+}
FeS
不溶性
硫酸
H_2S
SO_4^{2-}
對根部有害＝產生秋衰現象
鐵原本就少
透水性佳，Fe^{2+}容易淋溶
Fe^{2+}
未老化的水田
〈不易老化的水田〉
老化的水田
〈易老化的水田〉
安山岩或玄武岩
母材
花崗岩或砂岩
黏土多，透水性低
透水性
砂質、礫質，透水性高
氯系肥料
肥料
硫酸系肥料

圖7-2 容易老化的水田與不易老化的水田

SO_4^{2-}：硫酸根離子，H_2S：硫化氫，Fe^{2+}：二價鐵離子，FeS：硫化鐵

母材的不同　花崗岩、砂岩地帶的水田，由於各種元素的含量皆低，因此容易老化。安山岩或玄武岩等則富含各種元素，天然供給能力強，因此不易老化。

透水性的不同　表層為砂質、下層為砂礫，透水性良好的水田，養分容易流失，因此容易老化。

硫酸肥料的多寡　若大量施用含有硫酸的肥料，鐵就會被硫化氫溶解，流向下層，而缺鐵的土壤容易老化。

(3) 讓老化的水田返老還童

以下的方法可以改良已經老化的水田，使其「返老還童」。

・利用富含鐵、錳，黏土較多的土壤當作客土。

・進行翻土，使淋溶至表土下方的鐵、錳等養分回到表土。

・使用不含硫酸的肥料，同時施用含鐵資材（如轉爐渣等）。

2 旱田土壤的老化

(1) 何謂旱田土壤的老化

相較於不斷受到水的影響，隨時處於還原狀態的水田土壤，旱田土壤雖然沒有鐵、錳流失的問題，但卻會因為雨水而流失表土或養分，使土地變得貧瘠。

日本土壤的母材大多為火山灰或花崗岩，本來就缺乏栽培作物所需的養分；再加上降雨量多，鈣、鎂等鹽基也容易流失，因此土壤呈現酸性，作物生長狀況不佳。這也是土壤老化的現象（圖7－1）。

大部分的作物在土壤呈現微酸性至中性時，便能順利生長；可是一旦土壤呈現酸性，作物根部的生長就會受到阻礙。

此外，酸性土壤會使得磷酸變得不溶，鋁、錳等變得可溶，使作物缺乏或過度吸收特定物質，產生生理障礙而無法正常生長。

(2) 酸性化的機制

促使土壤酸性化的機制如下。

構成土壤的細緻土壤膠體，表面帶有負電荷，可吸附帶有正電荷的陽離子。適合作物生產的土壤，土壤膠體會吸附鹽基類（鈣、鎂、鉀、氨、鈉等陽離子），使電位呈現平衡狀態。

另一方面，空氣中的二氧化碳會溶於雨水中，形成淡淡的碳酸水（H_2CO_3），含有碳酸根離子（CO_3^{2-}）與氫離子（H^+）。被土壤吸附的離子強度依序為氫＞鈣＞鎂＞鉀・氨＞鈉，因此當雨水滲進土壤中，氫離子便會使原本吸附於土壤膠體的鹽基類脫離，自己吸附在土壤膠體上（離子交換、置換），因此土壤會逐漸酸性化。

此外，若大量施用硫酸等含有酸性離子的化學肥料，或是使用含有酸性物質的水來灌溉，也會讓原本吸附在土壤膠體上的鹽基類與氫離子置換，促進土壤酸性化（圖7－3）。

(3) 酸性的改良與留意點

土壤的酸性改良相對容易，只要施用鹽基質資材即可。一般常用的是碳酸鈣等石灰質資材、硫酸鎂等苦土資材，或是含有上述兩者的苦土石灰。

酸性土壤的膠體會吸附氫離子，而一旦施用了苦土石灰，氫離子便會置換鈣離子、鎂離子，形成中性的膠體，讓pH值處於正常狀態（圖7－4）。

不過，倘若一次施用大量石灰質資材，土壤膠體便會過度飽和，游離鹽基增加，使土壤變成鹼性。改良鹼性化的土壤非常麻煩，請注意切勿施用過多。

(4) 酸性改良資材的施用量

改良資材的施用量會隨著資材與土壤種類而異。表7－1為一例。若欲使用苦土石灰，將旱田10a表土10cm的pH值由pH5提昇為pH6，在腐植質黑火山灰土上必須使用280～380kg，在沖積土上必須使用170～210kg，若是砂質土則需要90～140kg。

然而假如一次施用過多石灰質資材，作物可能會產生缺錳或缺鐵的問題，必須特別注意（圖7－4）。

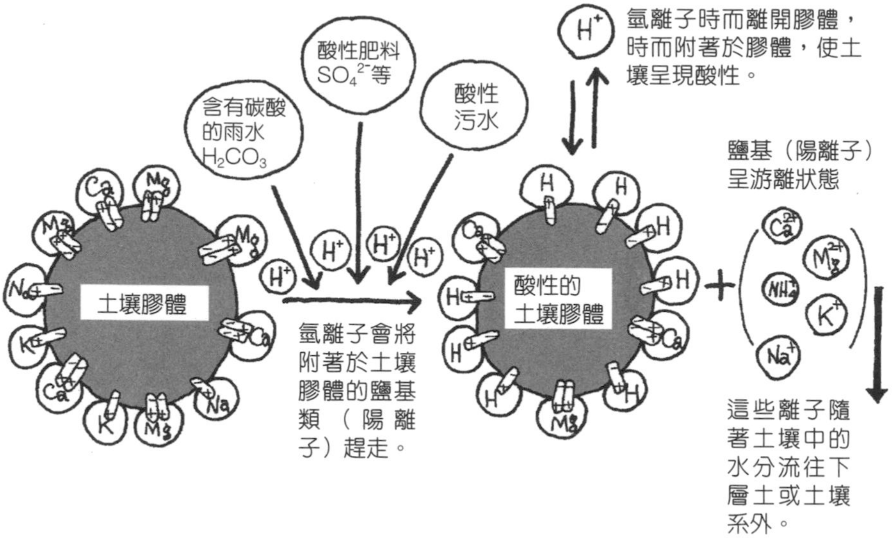
酸性肥料
SO_4^{2-}等
含有碳酸
的雨水
H_2CO_3
酸性
污水
氫離子時而離開膠體，時而附著於膠體，使土壤呈現酸性。
鹽基（陽離子）呈游離狀態
土壤膠體
氫離子會將附著於土壤膠體的鹽基類（陽離子）趕走。
酸性的
土壤膠體
這些離子隨著土壤中的水分流往下層土或土壤系外。

圖7-3　旱田土壤的酸性化

SO_4^{2+}：硫酸根離子，H_2CO_3：碳酸，H^+：氫離子，Mg^{2+}：鎂離子，Ca^{2+}：鈣離子，Na^+：鈉離子，K^+：鉀離子，NH_4^+：銨根離子

表7-1　將pH值提升1所需之石灰量　（kg/10a）

土壤種類	石灰種類		
	碳酸鈣	苦土石灰	消石灰
腐植質黑火山灰土	300～400	280～380	240～320
黏質土・沖積土	180～220	170～210	140～180
砂質土（砂丘未熟土）	100～150	90～140	80～120

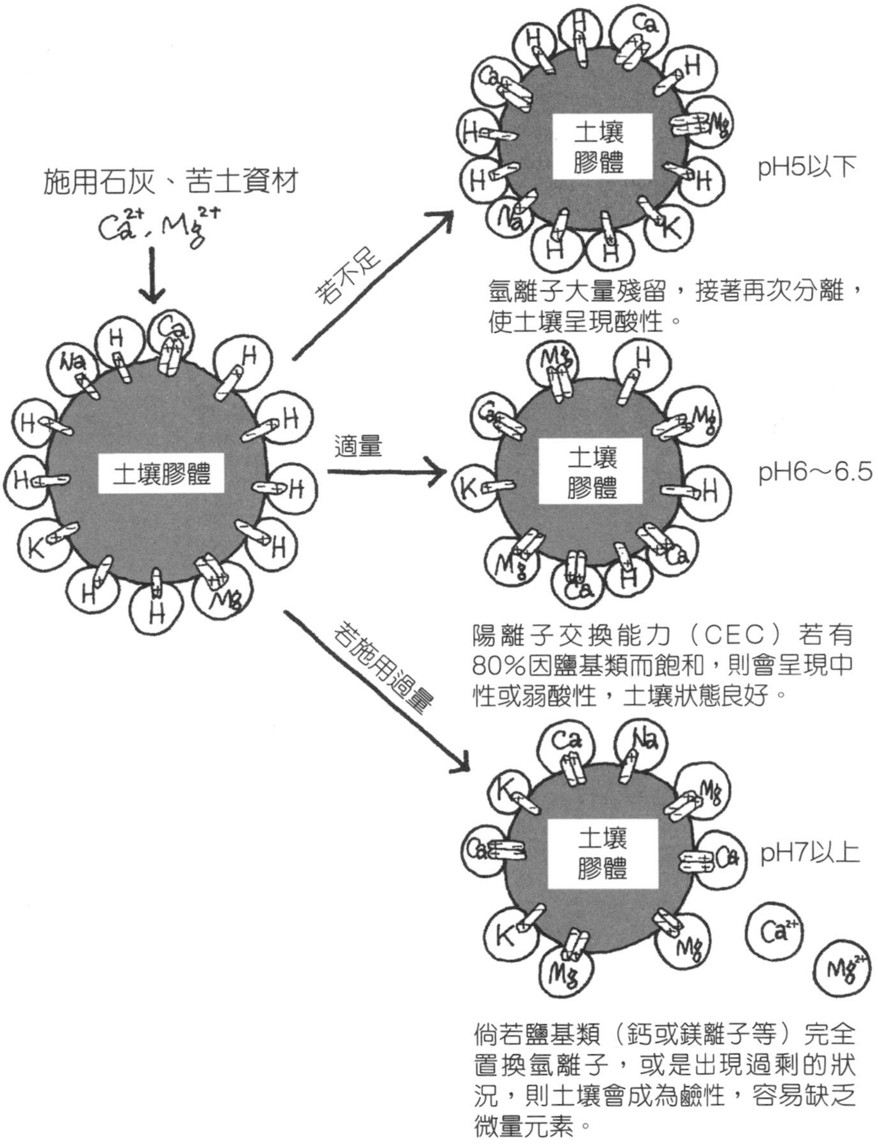
施用石灰、苦土資材
Ca^{2+}、Mg^{2+}
土壤膠體
若不足
適量
若施用過量
土壤膠體
pH5以下
氫離子大量殘留，接著再次分離，使土壤呈現酸性。
土壤膠體
pH6～6.5
陽離子交換能力（CEC）若有80%因鹽基類而飽和，則會呈現中性或弱酸性，土壤狀態良好。
土壤膠體
pH7以上
Ca^{2+}
Mg^{2+}
倘若鹽基類（鈣或鎂離子等）完全置換氫離子，或是出現過剩的狀況，則土壤會成為鹼性，容易缺乏微量元素。

圖7-4　酸性土壤的矯正

3 連作造成的地力降低

(1) 何謂連作障礙

在同一片田地每年都種植相同的作物，稱之為連作；但自古以來只要進行連作，作物的生長狀態就會變差，且容易感染病蟲害，產量與品質都會下降，因此也稱為「厭地」。這就是連作對作物生長造成的災害，一般稱為連作障礙。

連作障礙的原因包括：①土壤之物理性或化學性問題造成的生理障礙，②植物毒素造成的災害，③土壤病原菌或土壤害蟲所造成的災害等。

連作障礙的程度因作物種類而異，茄子、蕃茄、西瓜、豌豆等作物較為嚴重，菠菜、蔥等則不易出現連作障礙。若為了提高生產效率而將生產地集中、打造大型設施，那麼具有高度商品性的作物勢必會出現連作的情形，此現象已是一個重要的課題。

(2) 連作障礙的原因

○營養不均　物理性或化學性問題

因連作而造成的土壤惡化情形當中，影響最大的，就是作物過度吸收某些特定養分，例如鉀或鈣等，使得養分失去平衡，同時缺乏微量元素。微生物平衡狀態受到破壞，也是營養不均的主因。

此外，不斷反覆耕犁，使得土壤的團粒結構遭到破壞，也會對作物成長帶來負面影響。

若想針對這些問題進行改善，可以使用客土或進行土壤改良。

○相剋物質的蓄積

來自植物根部的有機酸等相剋物質（譯註：Allelopathy）一旦累積，就會對作物的根部帶來生長障礙。一般常見的為香豆素、苯酚、生物鹼、類等。

為了改善連作障礙，可以改種其他作物，或是施用品質良好的有機物，增加微生物的活性，分解肇因物質。

○土壤病原菌・害蟲的增加

一旦進行連作，有害的線蟲、鐮刀菌等病原菌便會增加。

為了解決此問題，在將作物殘渣及殘根帶離農地時，若有促進病原菌生長的疑慮，就必須進行土壤消毒（圖7—5）。

(3) 水旱輪作是最有效的對策

水旱輪作是在同一農地每隔三至四年交替種植水田與旱田的方法，雖然在水源管理上有些難度，但同時也具有許多優點；其優點如圖7—6所示。

土壤在水田狀態時呈現還原狀態，在旱田狀態時則呈現氧化狀態，微生物的種類也有所不同，因此有望減輕旱田的連作障礙問題。而旱田常見的養分蓄積，在水田狀態時則會流失，亦可減輕影響。

有機物一般在水田會蓄積，在旱田會分解。將農地打造為旱田後，在水田蓄積的有機物便會分解，提供氮等養分，促進旱田作物的生長。

不僅如此，水田和旱田的雜草種類及生長條件皆不同，故可期待降低雜草生長機會等各種功效。

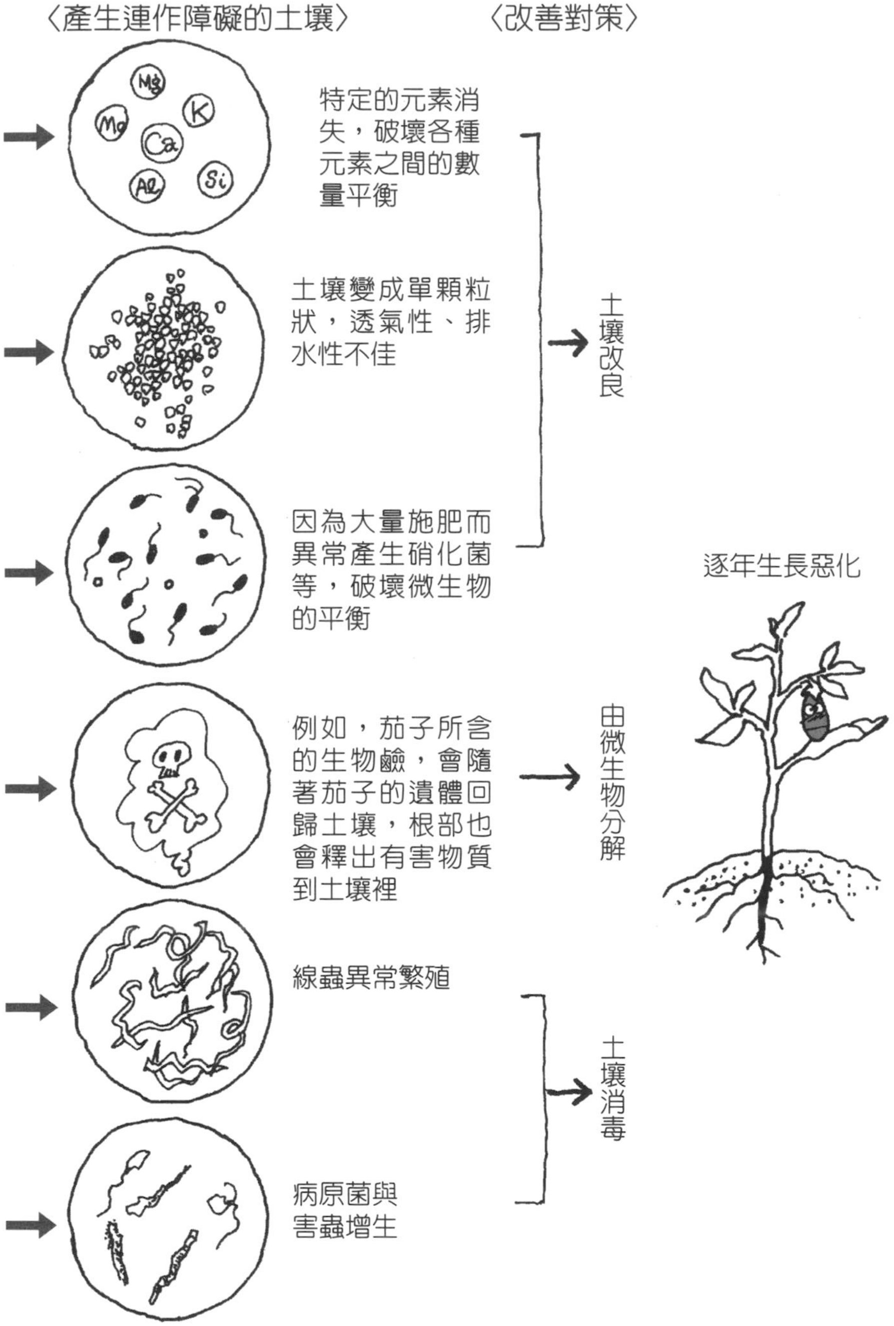
〈產生連作障礙的土壤〉
〈改善對策〉
Mg
K
Ca
Al
Si
特定的元素消失，破壞各種元素之間的數量平衡
土壤變成單顆粒狀，透氣性、排水性不佳
因為大量施肥而異常產生硝化菌等，破壞微生物的平衡
土壤改良
逐年生長惡化
例如，茄子所含的生物鹼，會隨著茄子的遺體回歸土壤，根部也會釋出有害物質到土壤裡
由微生物分解
線蟲異常繁殖
病原菌與害蟲增生
土壤消毒

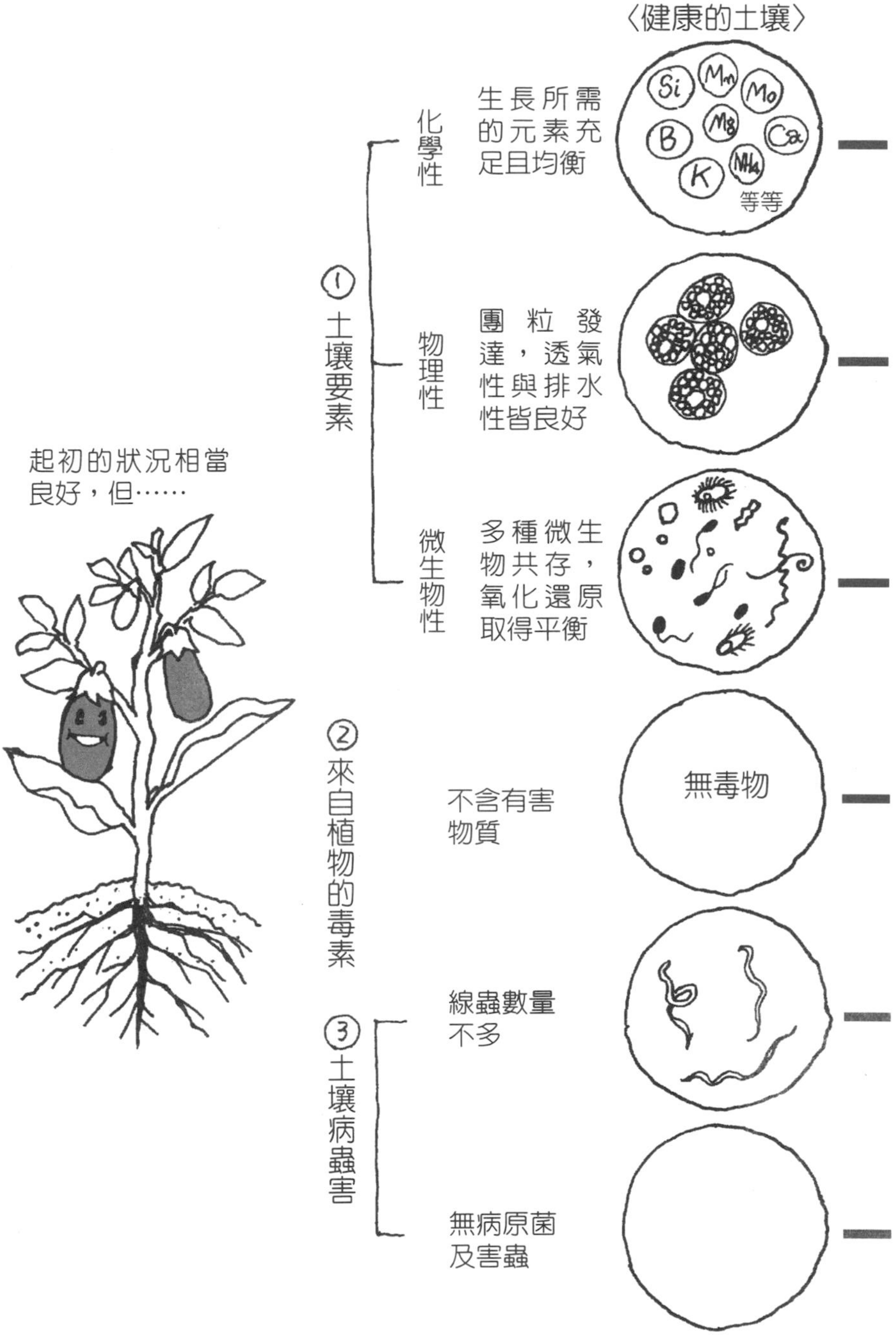
〈健康的土壤〉
起初的狀況相當良好，但……
①土壤要素
化學性
生長所需的元素充足且均衡
Si
Mn
Mo
B
Mg
Ca
NH4
K
等等
物理性
團粒發達，透氣性與排水性皆良好
微生物性
多種微生物共存，氧化還原取得平衡
②來自植物的毒素
不含有害物質
無毒物
③土壤病蟲害
線蟲數量不多
無病原菌及害蟲

圖7-5　導致連作障礙的主要因素

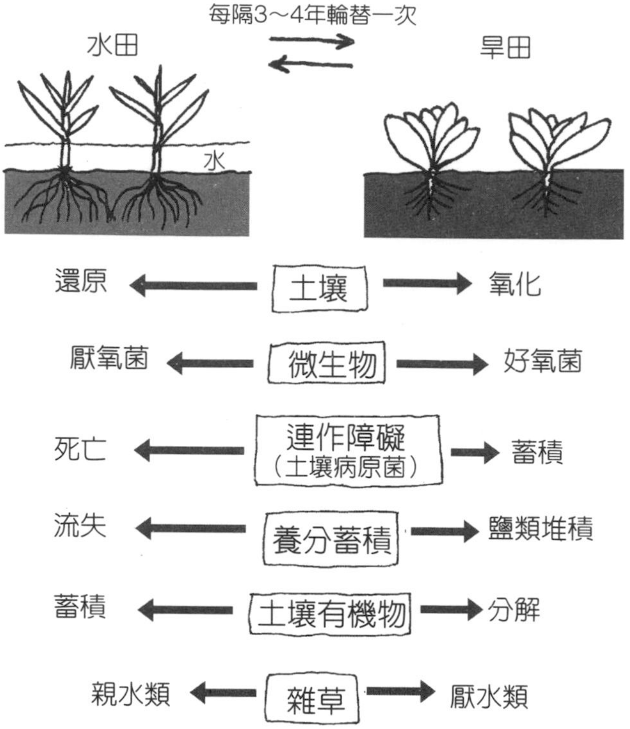
每隔3～4年輪替一次
水田
旱田
水
還原
土壤
氧化
厭氧菌
微生物
好氧菌
死亡
連作障礙
（土壤病原菌）
蓄積
流失
養分蓄積
鹽類堆積
蓄積
土壤有機物
分解
親水類
雜草
厭水類

圖7-6　水旱田輪耕的優點

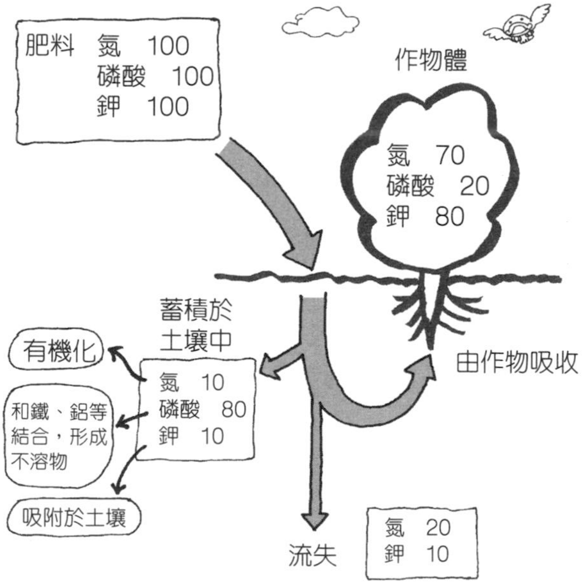
肥料 氮 100
磷酸 100
鉀 100
作物體
氮 70
磷酸 20
鉀 80
蓄積於
土壤中
有機化
氮 10
磷酸 80
鉀 10
和鐵、鋁等
結合，形成
不溶物
吸附於土壤
由作物吸收
流失
氮 20
鉀 10

圖7-7　土壤中肥料成份的流向

4 過度施肥造成的荒廢

(1) 肥料養分蓄積的機制

一旦施行連作，肥料成份必定會蓄積於土壤中。這是因為施肥的肥料並不會完全被作物吸收的緣故。圖7－7為肥料成份的流向。

假設某種作物的施肥量為100，那麼作物大約會吸收70的氮、20的磷酸，以及80的鉀，剩餘的養分則會堆積在土壤中。在土壤裡，大部分的氮會被菌體吸收，成為有機物；而磷酸則會與鐵和鋁結合，變得不溶於水。因此，殘留於土壤中的肥料成分並不會一次全部蓄積，而是逐漸累積。

施用堆肥時，堆肥所含的成分也會進入土壤；而栽種生長速度較快的蔬菜類時，為了提高收成量，也經常施加過量的肥料。一旦養分過剩蓄積，作物根部的生長就會停滯，造成作物成長狀況不佳，而許多人為了解決這個問題，又再施用更多的肥量。這便是養分容易蓄積的條件。

(2) 過度施肥造成的障礙

施用充分的堆肥，土壤的緩衝功能便可提昇；假如在不使用堆肥的狀態下持續進行多肥栽培，地力便會明顯地衰落。若氮肥料過多，土壤中就會蓄積大量的硝酸，讓土壤的pH值下降，逐漸變成荒地。

施用過量的氮肥料，還會造成氣體害。

若在旱田施用過多的尿素肥料，便會在氧化狀態下產生一氧化二氮及氨氣。如前所述，若在水田施用過多的硫酸銨，硫酸根離子便會在還原狀態下游離，產生硫化氫氣體（圖7—8）。

（3）在設施中累積得更快速

在露天栽培下，氮和鉀會隨著雨水流失，但設施栽培由於鹽類不會因為雨水而流失，因此堆積的情況更為迅速。

在設施栽培中，過度施用的化學肥料中的鹽類會不斷累積，使土壤變成高鹽類土壤，破壞微生物的平衡。

在鹽類堆積，pH值在7以上的鹼性土壤中，會產生氨氣（NH_3）；在硝酸堆積，pH值在5以下的酸性土壤中，則會產生亞硝酸氣體（NO_2），對作物造成傷害（圖7—9）。

（4）如何使土壤蓄積養分

防止鹽類堆積的方法，包括減少施用量以及奪取已經累積的養分（圖7—10）。

減少施用量，就是遵循土壤診斷的結果，不進行過度的施肥，同時慎選肥料種類，使用成分中不含硫離子的尿素或硝酸銨肥料。此外，在施用有機物時，也必須避免肥料成份較高的家畜糞堆肥，只須適量施用肥料成份含量較低的混合樹皮堆肥即可。

奪取養分，指的是將作物的殘渣帶出農地，更進一步種植高粱等可大量吸收肥料的抑草作物，最後再將這些作物帶離農地。緊急的時候，可以進行湛水除鹽，也就是注入大量的灌溉水儲水，將肥料成分沖走。

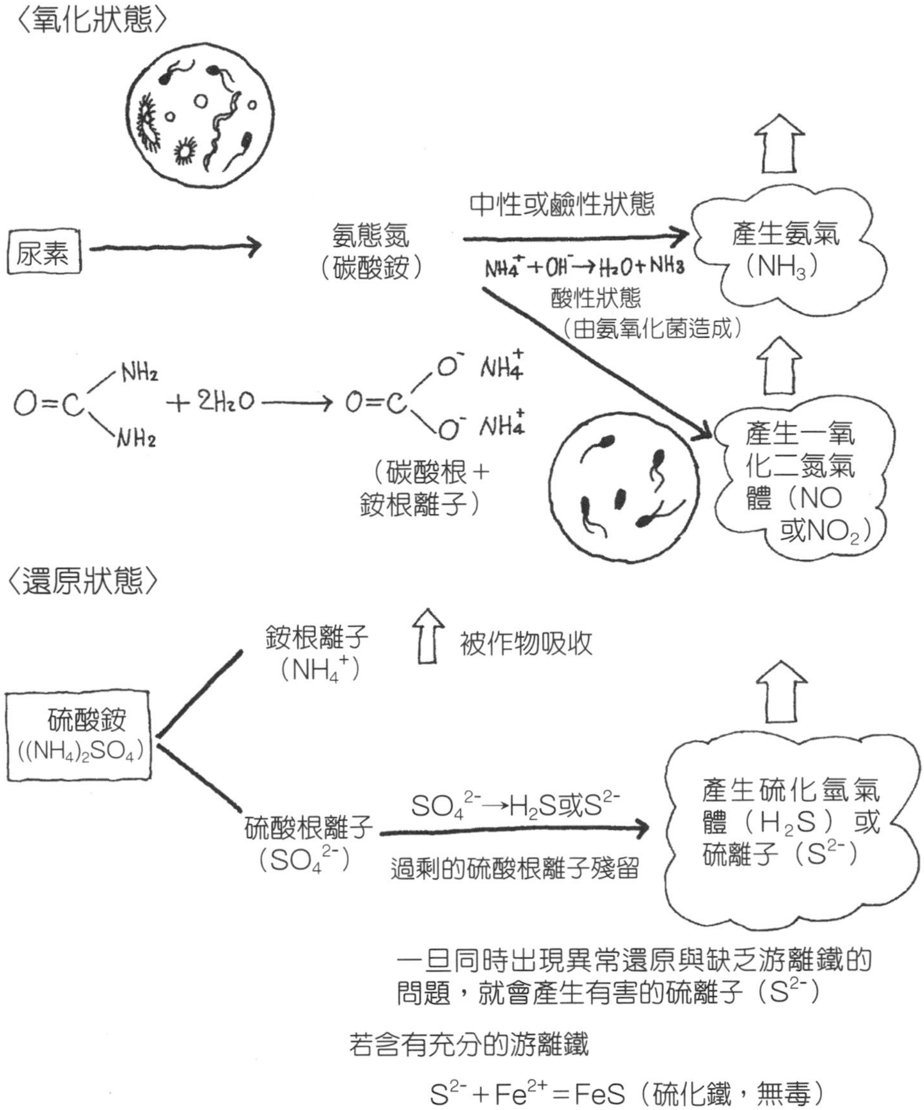
〈氧化狀態〉
尿素
氨態氮
（碳酸銨）
中性或鹼性狀態
NH4+ + OH- → H2O + NH3
產生氨氣
（NH3）
酸性狀態
（由氨氧化菌造成）
O=C NH2 NH2 + 2H2O → O=C O- NH4+ O- NH4+
（碳酸根＋
銨根離子）
產生一氧
化二氮氣
體（NO
或NO2）
〈還原狀態〉
銨根離子
（NH4+）
被作物吸收
硫酸銨
((NH4)2SO4)
硫酸根離子
（SO42-）
SO42-→H2S或S2-
過剩的硫酸根離子殘留
產生硫化氫氣
體（H2S）或
硫離子（S2-）
一旦同時出現異常還原與缺乏游離鐵的
問題，就會產生有害的硫離子（S2-）
若含有充分的游離鐵
S2-＋Fe2+＝FeS（硫化鐵，無毒）

圖7-8　過量施肥的害處

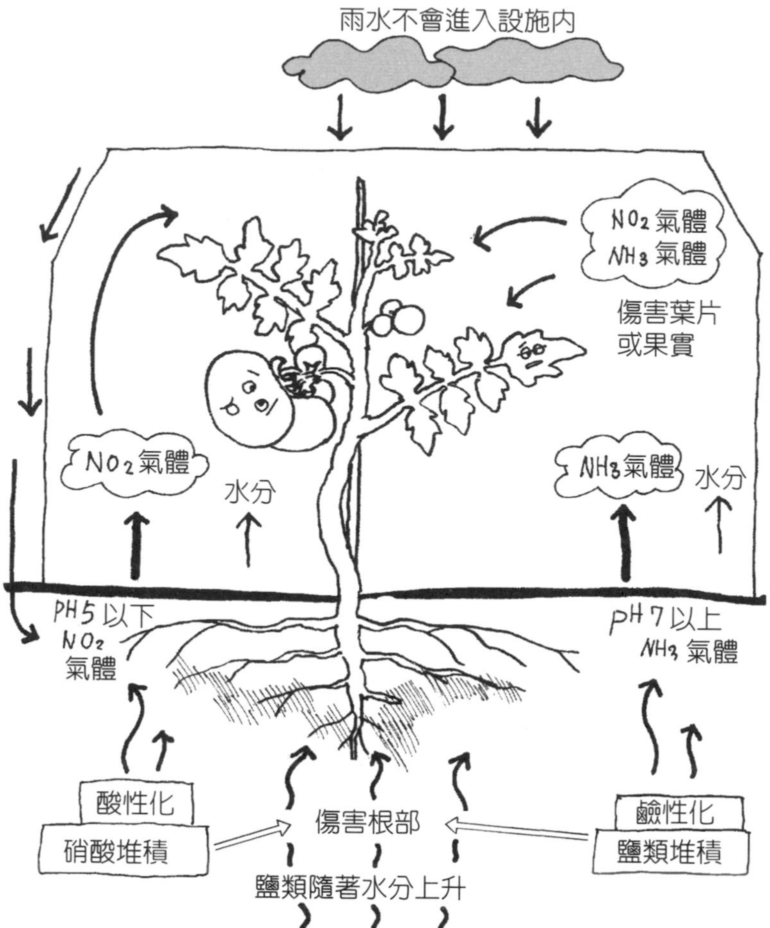
雨水不會進入設施內
NO2氣體
NH3氣體
傷害葉片
或果實
NO2氣體
水分
NH3氣體
水分
PH5以下
NO2
氣體
PH7以上
NH3氣體
酸性化
硝酸堆積
傷害根部
鹼性化
鹽類堆積
鹽類隨著水分上升

圖7-9　在設施栽培中過量施肥的害處

NO_2：亞硝酸氣體，NH_3：氨氣

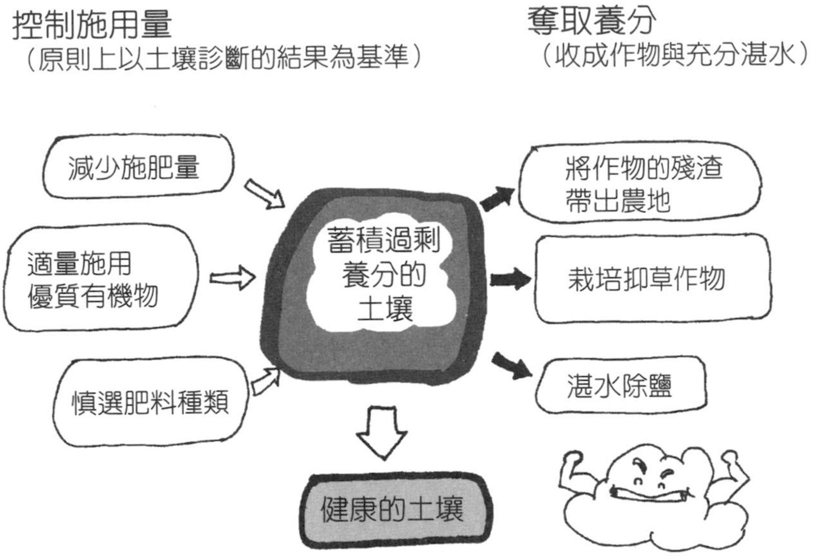
控制施用量
（原則上以土壤診斷的結果為基準）
奪取養分
（收成作物與充分湛水）
減少施肥量
適量施用
優質有機物
慎選肥料種類
蓄積過剩
養分的
土壤
將作物的殘渣
帶出農地
栽培抑草作物
湛水除鹽
健康的土壤

圖7-10　養分過度蓄積的土壤之改善方法

5 土壤的水蝕與風蝕

(1) 容易受到水蝕與風蝕的土壤

日本的地形複雜，在山坡地上亦可看見許多農田。尤其是果園，更是大部分都位於日照良好的山坡地上。在坡地上，土壤經常會因為雨或風而流失；雨水造成的流失稱為「水蝕」，風力造成的流失則稱為「風蝕」（圖7－11）。

一般而言，團粒結構不夠發達的土壤，比較容易受到水蝕與風蝕。尤其是蓄積過多鈉的土壤，由於土壤膠體鬆散，因此特別容易流失（圖7－12）。

(2) 水蝕

位於坡地的農地在下過大雨之後，雨水流過的部份有時會形成一條條的凹槽。假如置之不理，那麼每次下雨就會出現水道，且凹槽會愈來愈大，土壤被大雨沖刷帶離，產生水蝕現象。

足以發生水蝕的降雨強度，在腐植質較多的黑火山灰土是3 mm／10分鐘以上，在黃色土則是3 mm／30分鐘左右。另外，斜度較平緩的地方也會出現水蝕，黑火山灰土的坡度在20度以上，紅黃色土的坡度在15度以上時，水蝕的狀況就會明顯增加。

土壤遭到水蝕之後，河川就會變得混濁，而混濁的部份就是黏土。被雨水沖刷流入河川裡的黏土，是農耕地表面最肥沃的土壤，因此地力會降低。

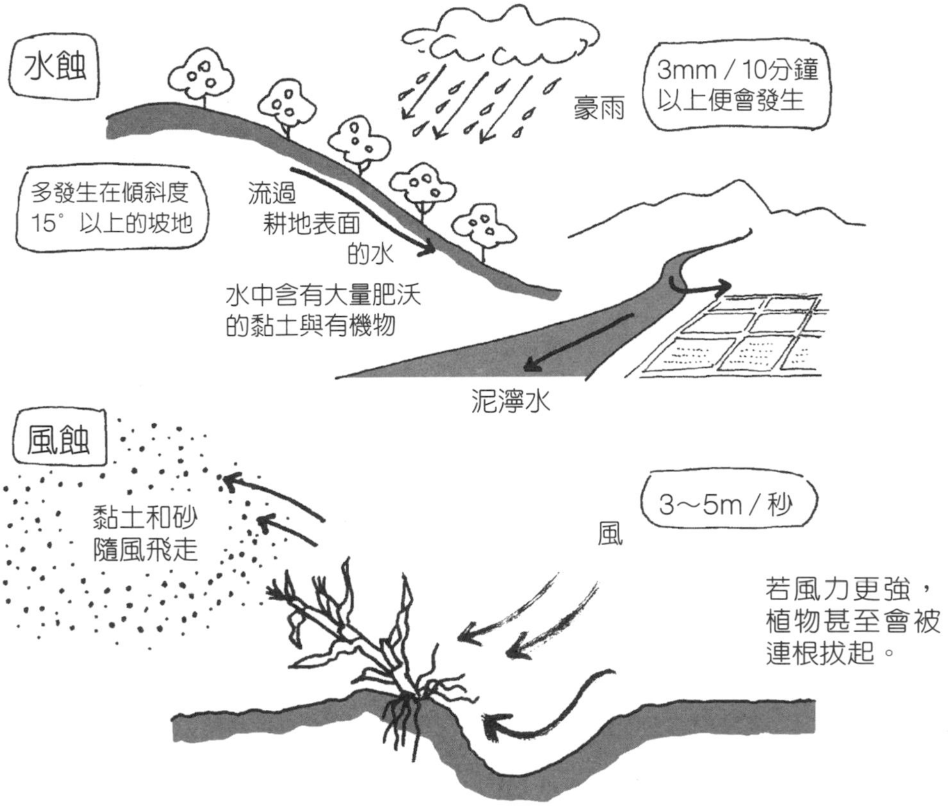
水蝕
3mm / 10分鐘
以上便會發生
豪雨
多發生在傾斜度
15° 以上的坡地
流過
耕地表面
的水
水中含有大量肥沃
的黏土與有機物
泥濘水
風蝕
黏土和砂
隨風飛走
3～5m / 秒
風
若風力更強，
植物甚至會被
連根拔起。

圖7-11　水蝕與風蝕

〈團粒不發達的土壤〉　〈團粒發達的土壤〉

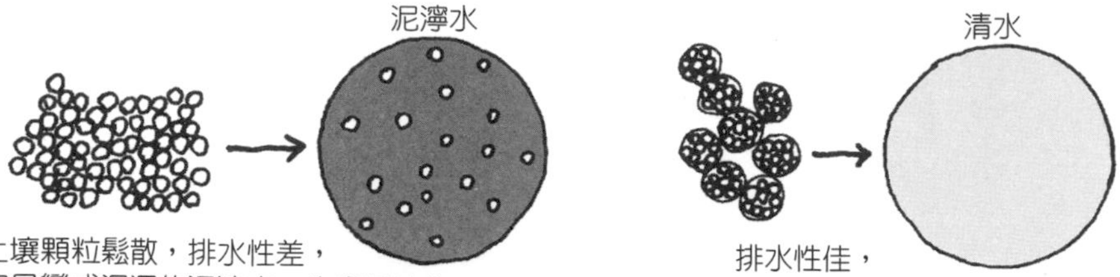
泥濘水
清水

土壤顆粒鬆散，排水性差，
容易變成混濁的泥濘水，也容易流失

排水性佳，
不易流失

〈富含鈉的土壤〉

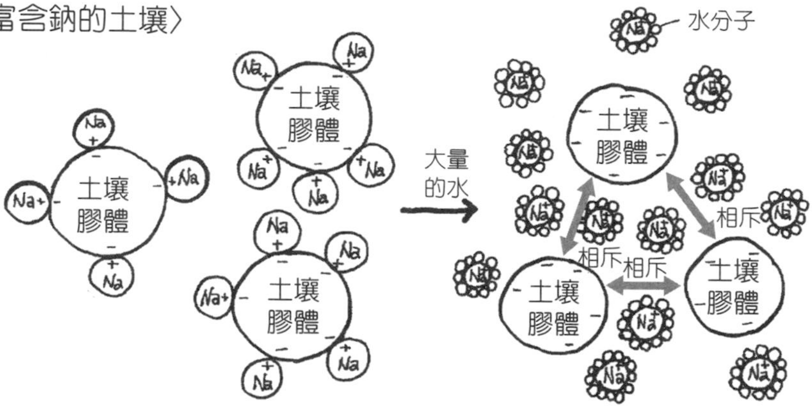
水分子
土壤膠體
大量的水
相斥
Na

鈉離子（Na^{+}）相當親水，一旦遇到大量的水，鈉離子就會離開膠體，如此一來，黏土膠體就會呈現負離子過剩的狀態。而全是負離子的膠體會出現相斥現象，於是散開（如同磁鐵負極與負極的相斥作用）。

如果在旱田施用大量的家畜糞尿，尿中的鈉便會將黏土拆散，使黏土容易脫離表土，但如果事先施用充分的石灰，便無須擔心。

〈鈣、鎂飽和的土壤〉

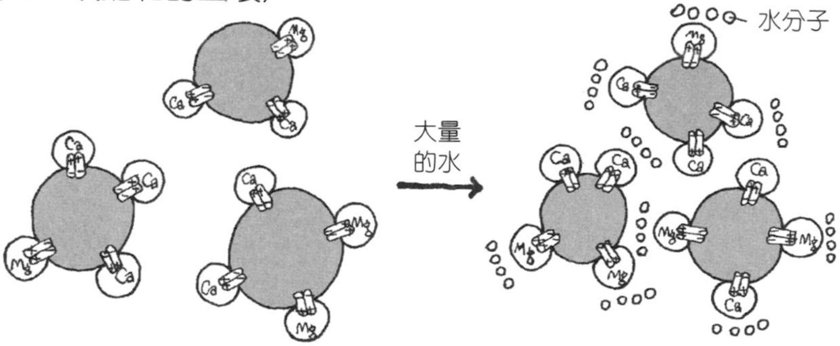
水分子
大量的水
Ca
Mg

鈣離子（Ca^{2+}）與鎂離子（Mg^{2+}）能緊緊吸附黏土，就算遇到大量的水，也不會離開黏土。因此，黏土的負電荷會被鈣、鎂的正電荷中和，故不會出現相斥現象，也就是不容易散開。

圖7-12　容易流失的土壤與不易流失的土壤

為了防範水蝕，可採用沿著等高線耕作的等高耕種（譯註：contour cultivation），或是將耕地打造為階梯狀的梯田。

(3) 風蝕

○風蝕所造成的災害

大規模的風蝕例子之一，就是從中國大陸飛來的「黃沙（譯註：沙塵暴）」。在日本，在冬天乾燥期的強風（3～5m/s以上）吹拂下受到風蝕的海岸沙地或火山灰土壤，也相當可觀。

在砂地上，砂粒會像在地面爬行似地移動；而在火山灰地帶，由於土壤顆粒較小，因此會飛上高空，被風吹向遠處。嚴重時，作物的根會露出地表，甚至被連根拔起。

○對策

防範風蝕的對策，包括打造防風林、在旱田四周種植茶樹或樹牆、用稻草擋在作物的上風處，或是在風大的時期栽培牧草等能夠覆蓋地表的作物等等。

在實際訂立計畫，預防侵蝕時，應考慮該地區的地形、氣候條件、土壤條件、栽培管理狀況等，搭配各種防範措施，打造綜合性的預防計畫。

6 農藥與重金屬造成的污染

(1) 殘留農藥

始於一九四〇年代的農藥研發，對農業的穩定生產帶來了莫大的助益，但是某些藥劑卻會長期殘留在土壤中，導致農耕地品質惡化。

現在一般使用的都是不易殘留、比較安全的農藥，但稻熱病的特效藥——醋酸苯汞（一九六八年起禁止使用）、DDT、BHC等有機氯農藥以及PCB等早已禁止使用的農藥，殘留問題直到現在都尚未解決。

這是因為這些農藥不易自然分解，所以至今仍殘留在土壤中，有時還會被作物吸收。

(2) 重金屬污染

礦山或工廠廢棄物造成的土壤污染，也會導致農地荒廢。日本過去發生的重金屬污染，包括足尾銅山排出的廢水污染了渡良瀨河流域的「足尾銅山鑛毒事件」、富山縣的鎘污染所造成的「痛痛病」，以及大分縣土呂久礦山的砷污染等等。

日本自從在一九七〇年制訂了「土壤污染防止法」後，便嚴格執行規定，但直至今日仍可見土壤污染，相關單位正致力於研究土壤淨化技術與處理對策。尤其是水田的鎘污染，更是一個嚴重的課題，目前正在努力研發透過栽培管理來減低吸收的技術，同時積極培育不會吸收鎘的稻米品種。

在自然界的物質循環過程中，土壤與土壤微生物的淨化作用扮演著極為重要的角色。農產廢棄物與家畜排泄物在受到微生物分解之後，對增強地力很有幫助，但是農藥和重金屬污染，卻無法單靠植物或土壤的功能完成淨化。因此，正如圖7－13所示，必須在進行不溶處理後，裝入容器，再埋入土壤中，以避免這樣的污染再次發生。

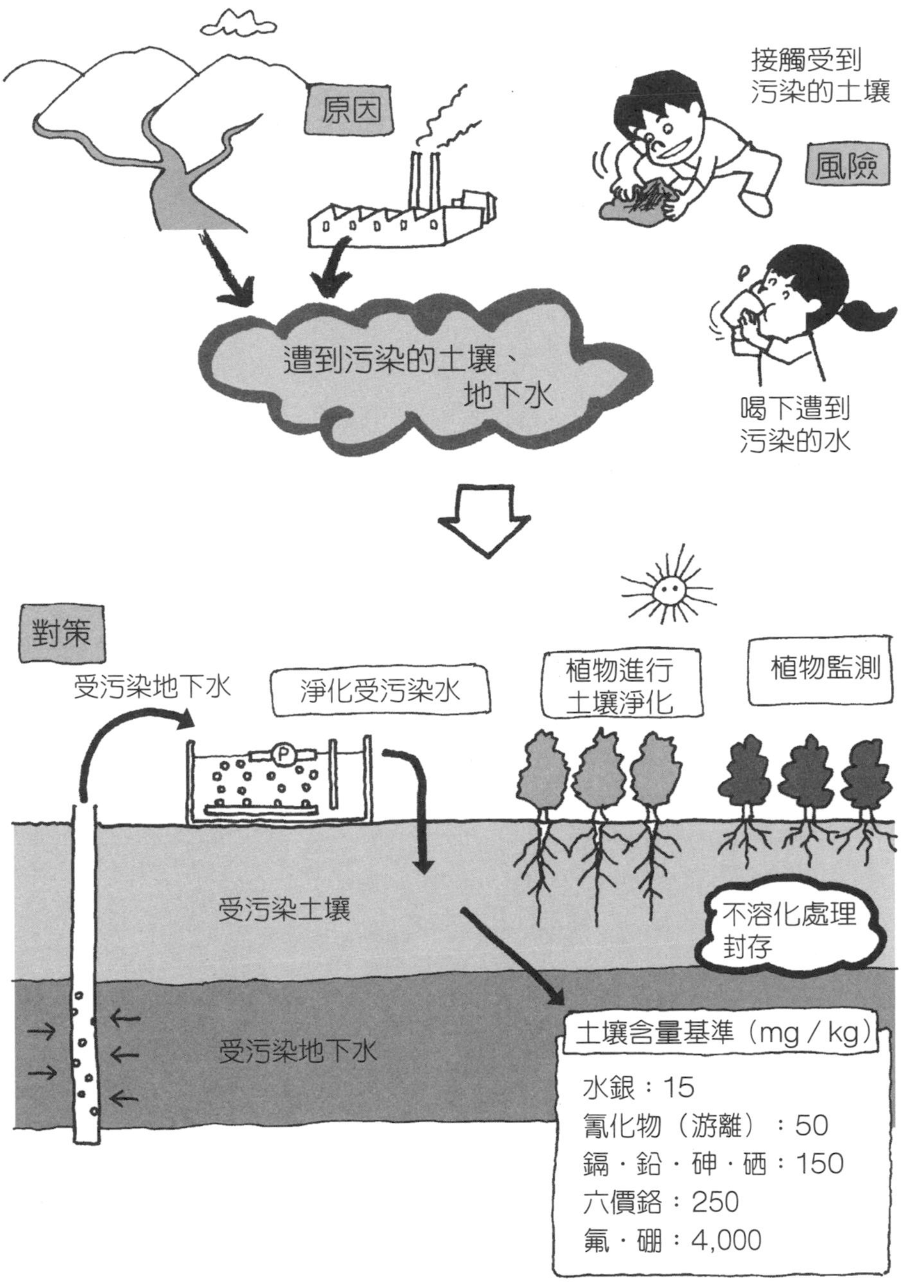
原因
接觸受到
污染的土壤
風險
遭到污染的土壤、
地下水
喝下遭到
污染的水
對策
受污染地下水
淨化受污染水
植物進行
土壤淨化
植物監測
受污染土壤
不溶化處理
封存
受污染地下水
土壤含量基準（mg／kg）
水銀：15
氰化物（游離）：50
鎘・鉛・砷・硒：150
六價鉻：250
氟・硼：4,000

圖7-13　解決重金屬污染的對策

7 海嘯・漲潮對農地造成的損害

(1) 海嘯會帶來淤泥

有時海水會因為颱風或海嘯而灌進農地，帶來鹽害。二〇一一年三月，東日本大地震的大海嘯使得農地淹水，造成土壤流失與堆積等重大災害。

颱風引起的大浪也可能讓海水灌進農地，造成鹽害，不過海嘯除了海水之外，還會帶來海底的堆積物（淤泥）（圖7—14，表7—2）。

(2) 鹽害的產生

當農地浸泡在海水中時，土壤縫隙（液相）的鹽分濃度會升高，與根部的滲透壓差縮小，阻礙作物吸收生長時不可或缺的水分。

鹽害的狀況會隨著不同的作物而異，水溶性氯離子（Cl^-）的濃度在水稻土壤若超過1,000～1,500mg/kg，在蔬菜類土壤若超過400～1,500mg/kg，則會產生鹽害。

透過土壤的EC（dS/m），可以簡單地預測土壤受到海水影響的鹽害程度，若水稻在0.7以上，蔬菜類在0.5以上，便有受害之虞。

表7-2　海水與河水的主要成分

	鈉（Na^+）	鎂（Mg^{2+}）	鈣（Ca^{2+}）	鉀（K^+）	氯（Cl^-）	硫（SO_4^{2-}）	碳酸（HCO_3^{2-}）
海水	10,556	1,272	400	380	18,980	2,649	140
河水	7	2	9	1	6	11	31

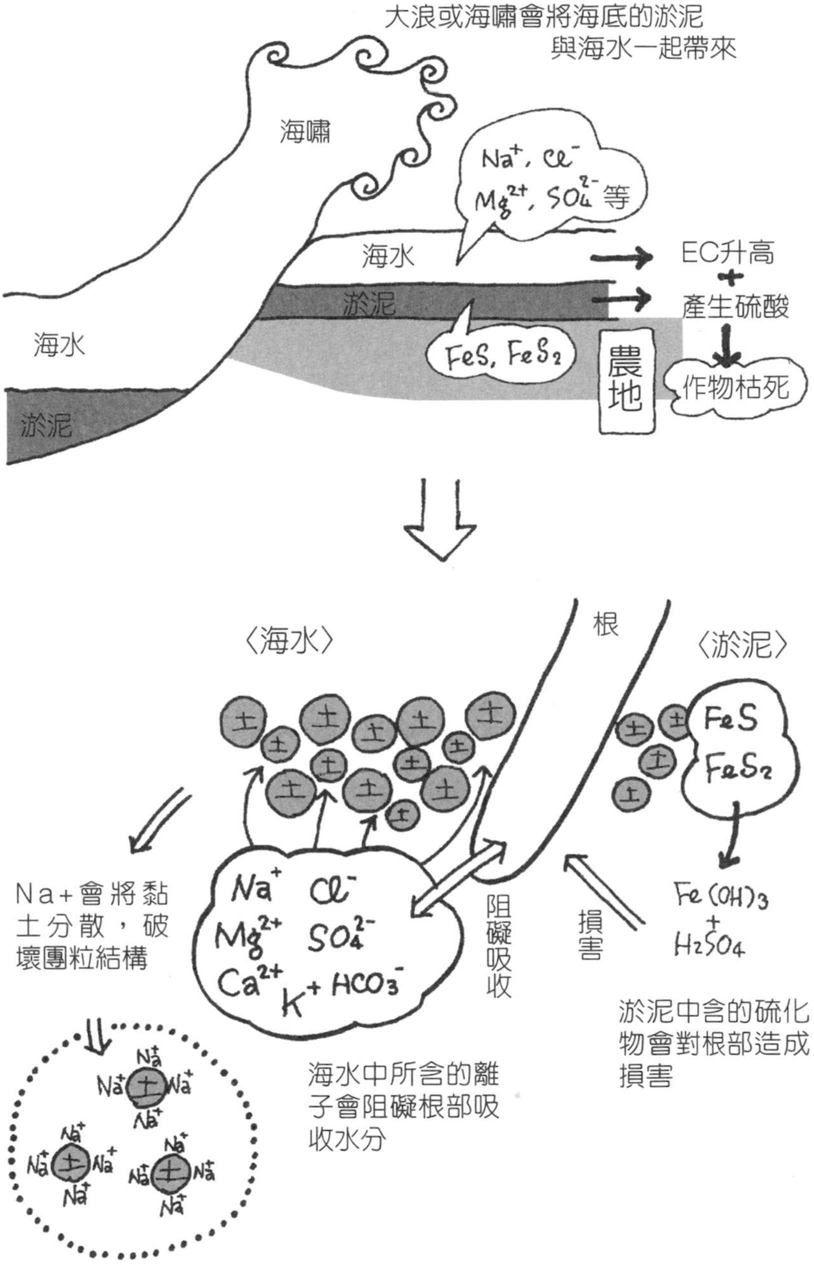
大浪或海嘯會將海底的淤泥
與海水一起帶來
海嘯
Na^+, Cl^-
Mg^{2+}, SO_4^{2-}等
海水
EC升高
+
淤泥
產生硫酸
海水
FeS, FeS_2
農地
作物枯死
淤泥
根
〈海水〉
〈淤泥〉
FeS
FeS_2
Na+會將黏土分散，破壞團粒結構
Na^+ Cl^- Mg^{2+} SO_4^{2-} Ca^{2+} K^+ HCO_3^-
阻礙吸收
損害
$Fe(OH)_3$
+
H_2SO_4
淤泥中含的硫化物會對根部造成損害
海水中所含的離子會阻礙根部吸收水分

圖7-14　海嘯帶來的海水所造成的損害

FeS：硫化鐵，FeS_2：二硫化鐵，$Fe(OH)_3$：水酸化鐵

（3）鈉、鎂造成的損害

海水中富含的氯化鈉，會隨著滲透壓影響鈉離子對土壤造成的傷害。鈉同時也會影響土壤的固體部份（固相），吸附過多鈉離子的黏土較容易散開，土壤的團粒結構會遭到破壞。

海水中亦含有大量的鎂，若土壤中的鎂含量過高，便會影響根部的功能，阻礙作物吸收鈣。

（4）海底堆積物（淤泥）造成的損害

隨著海嘯流入的海底堆積物（淤泥）不只會堆積在農地，同時還含有許多硫化鐵（FeS）與二硫化鐵（FeS_2）等硫化物。

硫化物一旦氧化，便會轉化為硫酸，對作物及土壤環境造成傷害。東日本大地震時流入土壤的堆積物中所含的硫化物，約為1,590～5,340mg/kg。

8 土壤的輻射污染

(1) 放射性銫

因為大氣圈核爆實驗所產生的放射性鍶Sr-90，在一九六〇年代降落至土壤，在二〇一一年三月十一日的福島第一核能發電廠事故中，放射性碘（I-131）與放射性銫（Cs）外洩。其中放射性碘的半衰期為3.1日，極為短暫，但放射性銫的半衰期卻相當長，造成土壤污染。

放射性銫分為Cs-134（半衰期約2年）與Cs-137（半衰期約30年），但兩者的動作相同。銫和鈉、鉀一樣，是帶有一個正電荷的鹼金屬，在土壤中的動作與這些元素相同。

(2) 可吸附銫的黏土礦物

黏土礦物擁有大小正好能將銫封住的「洞」，可將銫埋在土壤中。擁有此性質的黏土礦物稱為2：1型層狀矽酸鹽，由許多薄層堆疊而成，而每一層之間都帶有負電荷（圖7－15）。這裡的空隙，大小正好可以將銫離子（Cs^+）封住。

這個大小的空洞除了銫離子之外，也可以封住鉀離子（K^+）與銨根離子（NH_4^+），一般填滿這些空洞的都是鉀離子。

蒙脫石、蛭石、雲母等，皆屬於2：1型礦物。由於與此處空洞的結合力依序為$Cs^+ > NH_4^+ > K^+$，因此銫離子會將鉀離子趕走，填滿這些空洞。

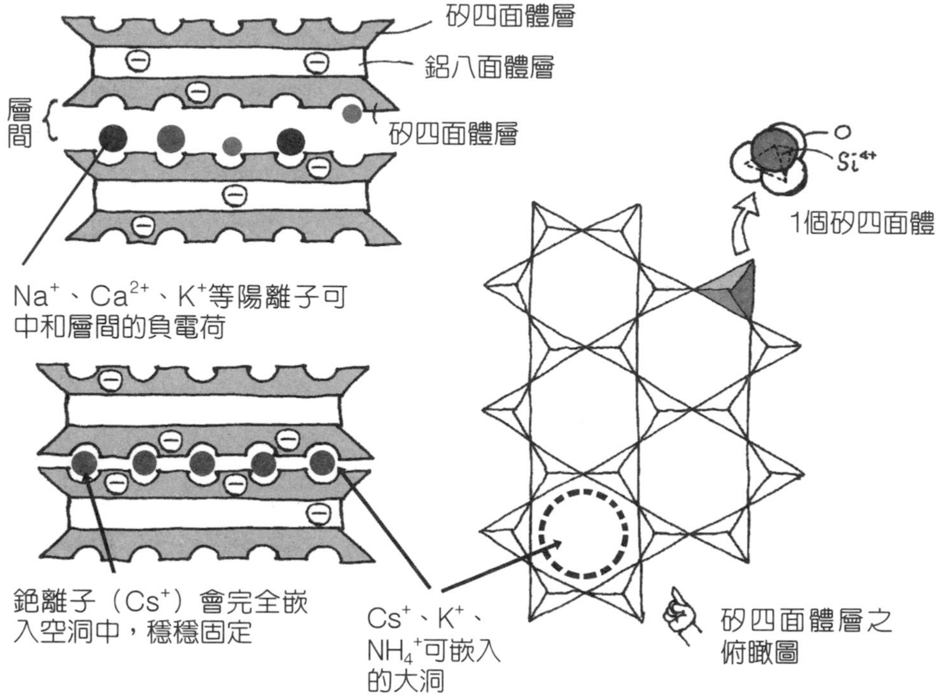

矽四面體層
鋁八面體層
層間
矽四面體層
Na^+、Ca^{2+}、K^+等陽離子可中和層間的負電荷
銫離子（Cs^+）會完全嵌入空洞中，穩穩固定
Cs^+、K^+、NH_4^+可嵌入的大洞
O
Si^{4+}
1個矽四面體
矽四面體層之俯瞰圖

圖7-15　銫吸附在黏土上的結構

（日本土壤肥料學會，2011）

Na^+：鈉離子，Ca^{2+}：鈣離子，K^+：鉀離子，
Si^{4+}：矽離子，Cs^+：銫離子，NH_4^+：銨根離子
2：1型層狀矽酸鹽礦物的結構，是由兩層矽與氧組成的層狀構造（矽四面體層）夾著一層由鋁和氧組成的層狀構造（鋁八面體層）所形成的；整體結構是以上述構造為一個單位，層層堆疊而成。
矽四面體層的一部分矽會置換成鋁，而鋁八面體層的一部分鋁則會置換為鎂，因此層狀構造帶有負電荷（同型置換）。

（3）被吸附的銫一年只會移動不到一公分

銫離子一旦固定在此處，就不容易脫離。除非在土壤中添加高濃度的競爭離子（NH_4+及K+）或強酸，否則無法拔除銫離子。

因此，銫會因為物理作用而吸附在表土的黏土上，往下層移動的速度一年不到一公分。然而在富含有機物的土壤或砂質土中，銫與黏土的結合力較弱，再加上還有因電荷而結合的物質，因此銫往土壤下方移動的速度較快。

（4）作物所吸收的銫僅為少量

土壤中的銫由於緊緊附著在黏土礦物上，因此從土壤溶入水中的銫量極少。而作物主要是透過根部吸收水溶性養分，因此作物會吸收到的銫非常少量。

表示作物從土壤吸收之放射性銫的數值，稱為「轉移因數（譯註：transfer factor）」。資料顯示，由土壤轉移至白米的轉移因數為0.00021～0.012。

轉移因數雖然因土壤和栽培條件而異，但為了安全，轉移因數應低於0.01（圖7—16）。

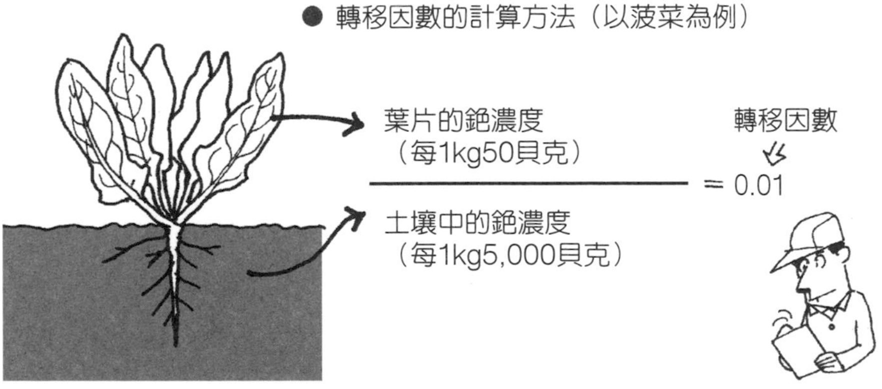

● 轉移因數的計算方法（以菠菜為例）
葉片的銫濃度
（每1kg50貝克）
轉移因數
= 0.01
土壤中的銫濃度
（每1kg5,000貝克）

圖7-16　放射性銫的轉移因數計算方法

（5）如何消除銫是未來的課題

由於銫會吸附於表土，因此只要將表土挖除，便能降低放射性銫的濃度；然而挖除後土壤的保存管理與除染（譯註：清除輻射污染），都將成為課題。

透過栽種向日葵等作物的方法，效果並不值得期待（圖7－17）。

● 經農林水產省技術實證之除染技術

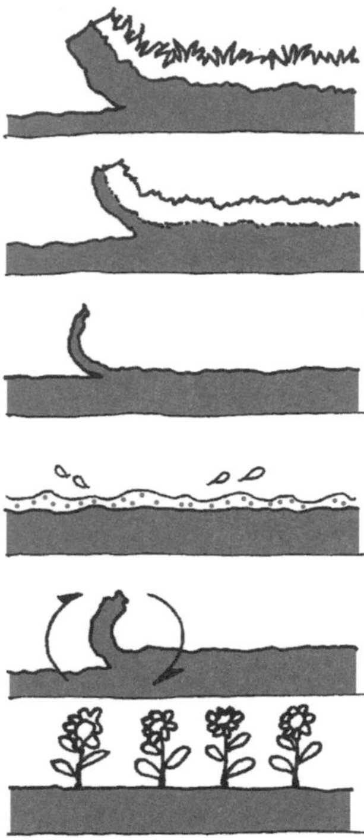

除染方法	效果
Ⓐ 將牧草連同土壤一併挖除	銫減少97%
Ⓑ 將固化劑連同土壤一併挖除	銫減少82%
Ⓒ 將表土挖除	銫減少75%
Ⓓ 將水混入土壤中，待沉澱後將上層清澈部份撈除	銫減少36%
Ⓔ 翻土，使表土與下方的土壤混合	放射線量減半（銫會深入地下）
Ⓕ 以植物吸收	吸收量為土壤中銫濃度的1/2,000

旱田與水田的除染方法

目標是將每1kg農地土壤的銫含量降低為5,000貝克以下（資料來源：農林水產省）

● 污染程度

5,000貝克以下	旱田・水田Ⓔ（視需要而定）
5,000～1萬貝克	旱田ⒸⒺ（適用於地下水位較低處） 水田ⒸⒹⒺ
1萬～2萬5,000貝克	旱田・水田Ⓒ
超過2萬5,000貝克	旱田・水田ⒷⒸ（從表面削去5cm以上）

圖7-17　放射能除染的方法（農水省、2011）

第8章

土壤保全

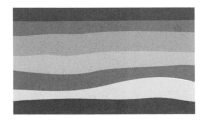

1 輪作帶來的穩定生產

(1) 水田與旱田輪作的必要性

在水田種植稻作時，由於注入灌溉水，使農地呈現湛水狀態，因此土壤會處於還原狀態。灌溉水會提供各種養分，到了高溫季節，湛水狀態下的農地還會出現許多藻類和小動物，為土壤補充有機物。而冬季排水後成為旱田的土壤，會呈現氧化狀態，也就是一整年都反覆處於乾濕狀態，因此不會有連作障礙與地力消耗的問題。

相對於此，旱田的土壤始終處於氧化狀態，且連續栽培類似的作物，因此不斷消耗地力，容易產生連作障礙。要解決此問題，就必須進行輪作，也就是以一定的順序栽培不同的作物。此外，有時也會在輪作之間穿插休耕。

(2) 在歐洲發展的輪作

輪作是在以旱作為主的歐洲逐漸發展的。世上最古老的輪作，是栽培小麥，隔年休耕的「二圃式」輪作。

之後，此耕種方式又發展為「三圃式」輪作，也就是將農地分為三區，栽培秋播的小麥與春播的大麥，同時讓一個區塊休耕，以提昇產量與地力。在三圃式輪作中，有時也會在一部分休耕地上種植三葉草、馬鈴薯或豆類等作物。

十八世紀末，以輪作方式栽培飼料作物的「諾福克式」輪作，在英國的諾福克州普及。諾福克式輪作是在春播的大麥與秋播的小麥之間，種植豆科的飼料作物；又在秋播的小麥與春播的大麥之間，種植作為飼料用的根菜類作物蕪菁。

這種耕作方法有兩個優點，其一是豆科的飼料作物會因為根瘤菌而使氮素增加，其二是飼料用蕪菁會讓表土變得更深。此輪作不只能栽培飼料作物，更能提昇地力，增加產量，為歐洲帶來農業革命（圖8—1）。

圖8—2是仿效三圃式輪作，且適合日本旱作的輪作範例。牧草能讓土壤肥沃，蘿蔔能讓表土變得更深，因此能打造出富含養分且物理性良好的土壤，使蕃茄成長狀況良好。

(3) 水田輪作

日本主要以水田居多，因此沒有考慮輪作的必要性，但是過去有些地方的農家為了飼養用於農耕的牛或馬，會利用一部分水田栽種牧草，作為飼料。每隔幾年栽培一次牧草，便能得到穩定的收成量。水田亦可栽培蓮花作為裏作（譯註：在主要作物收成後，利用下次播種之前的期間所栽培的其他作物），附著在蓮花根部的根瘤菌能讓土壤變得肥沃，提昇產量。

過去政府曾經獎勵農民種植麥作或義大利黑麥草（譯註：Lolium multiflorum）等牧草或大豆作為水田裏作，但由於無法得到符合勞力成本的收益，所以並未普及。此外，大豆只能在排水性良好的水田才能順利生長。

假如栽培旱田作物作為裏作，便能在湛水與乾燥狀態的交替下，對表土的微生物與團粒構造帶來如圖8—3的效果。

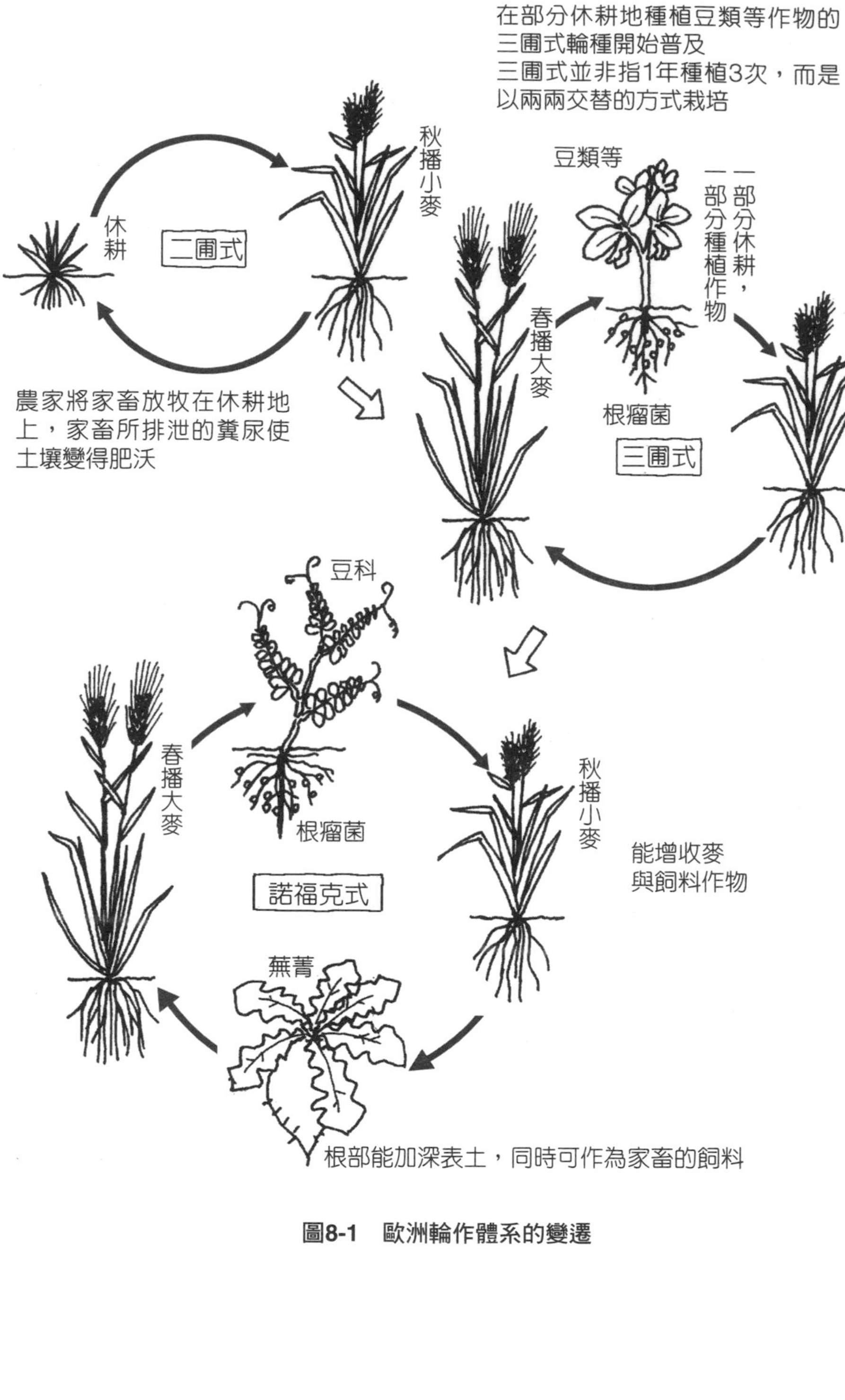
在部分休耕地種植豆類等作物的
三圃式輪種開始普及
三圃式並非指1年種植3次，而是
以兩兩交替的方式栽培
秋播小麥
休耕
二圃式
農家將家畜放牧在休耕地
上，家畜所排泄的糞尿使
土壤變得肥沃
豆類等
一部分休耕，
一部分種植作物
春播大麥
根瘤菌
三圃式
秋播小麥
豆科
春播大麥
根瘤菌
秋播小麥
能增收麥
與飼料作物
諾福克式
蕪菁
根部能加深表土，同時可作為家畜的飼料

圖8-1　歐洲輪作體系的變遷

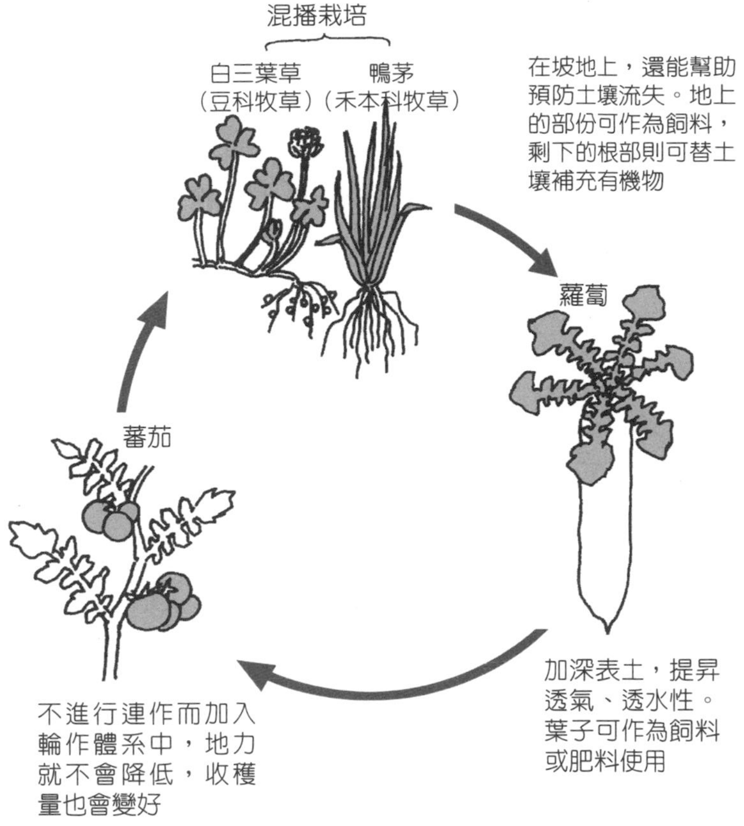
混播栽培
白三葉草
（豆科牧草）
鴨茅
（禾本科牧草）
在坡地上，還能幫助預防土壤流失。地上的部份可作為飼料，剩下的根部則可替土壤補充有機物
蘿蔔
加深表土，提昇透氣、透水性。葉子可作為飼料或肥料使用
蕃茄
不進行連作而加入輪作體系中，地力就不會降低，收穫量也會變好

圖8-2　不影響地力的蔬菜牧草輪作體系範例

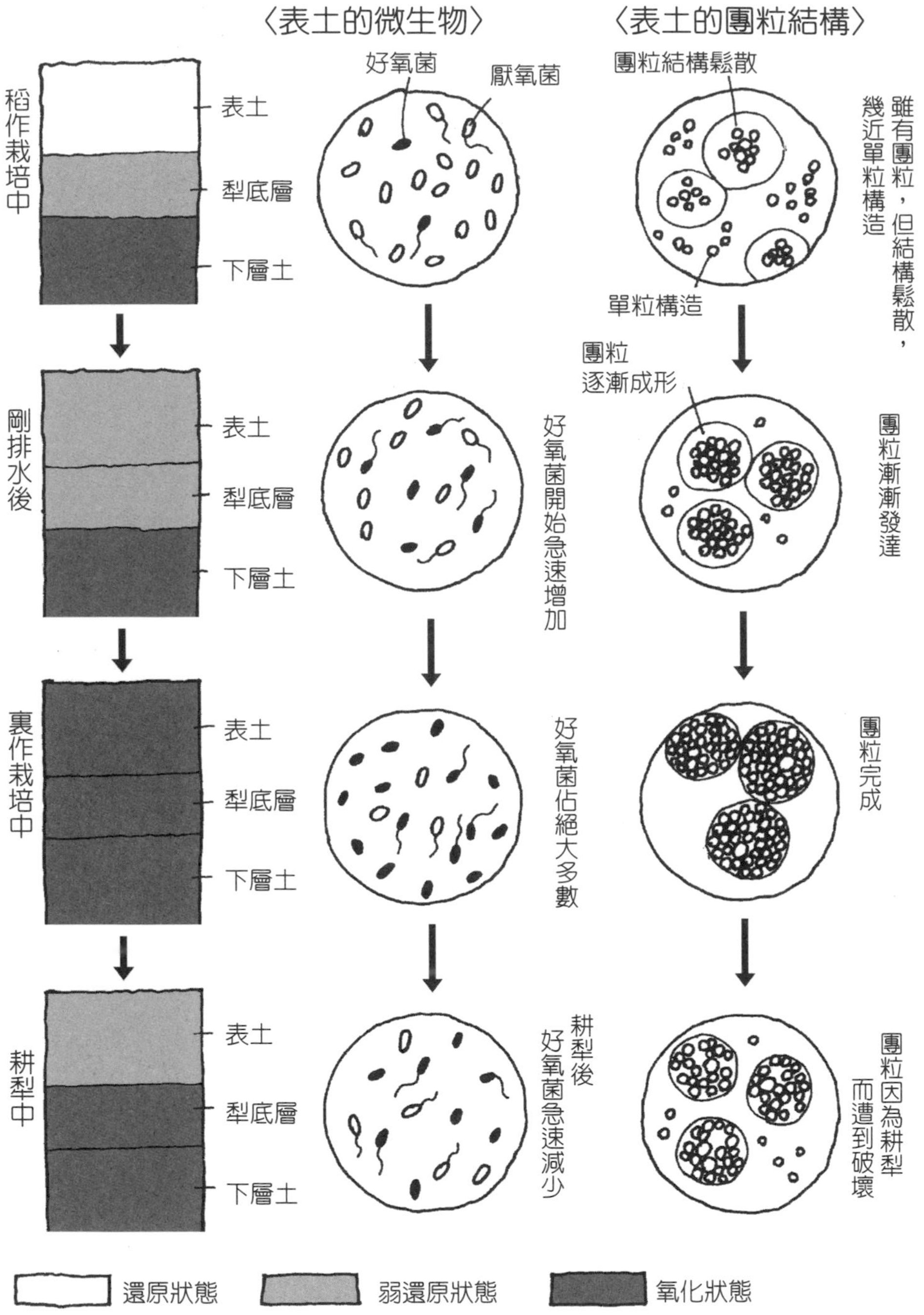
〈表土的微生物〉
〈表土的團粒結構〉
稻作栽培中
表土
犁底層
下層土
好氧菌
厭氧菌
團粒結構鬆散
單粒構造
雖有團粒，但結構鬆散，幾近單粒構造
剛排水後
好氧菌開始急速增加
團粒逐漸成形
團粒漸漸發達
裏作栽培中
好氧菌佔絕大多數
團粒完成
耕犁中
耕犁後好氧菌急速減少
團粒因為耕犁而遭到破壞
還原狀態
弱還原狀態
氧化狀態

圖8-3　水田裏作的土壤變化

2 透過堆肥維持地力

(1) 有機物的分解速度因地區而異

維持地力的對策當中，最重要的就是堆肥等有機物。有機物會被土壤中的微生物分解，在分解過程中打造出作物生長所需的土壤條件。

除了有機物的品質會影響有機物的分解速度外，地溫所帶來的影響也很大。有機物在設施旱田比露天旱田容易分解，在溫暖地區比寒冷地區容易分解。地力的消耗也很劇烈，所以必須施用更多的有機物。

(2) 維持地力所需的堆肥量

○從碳消耗量推知的堆肥量

土壤中棲息著許多微生物，進行物質代謝。微生物為了生存，必須將碳氧化，以獲得能量（呼吸作用），因此碳的型態在土壤中不斷變化。

圖8－4是在未施用有機物的旱田中，每年栽培二作時的碳收支。根據調查，每10a的土壤呼吸量，共消耗481kg的碳；相對於此，作物的殘渣及殘根等由作物提供給土壤的碳，則有245kg。以結果而言，每年會消耗掉236kg的碳。為了維持地力，必須透過堆肥等有機物來補充這些消耗。

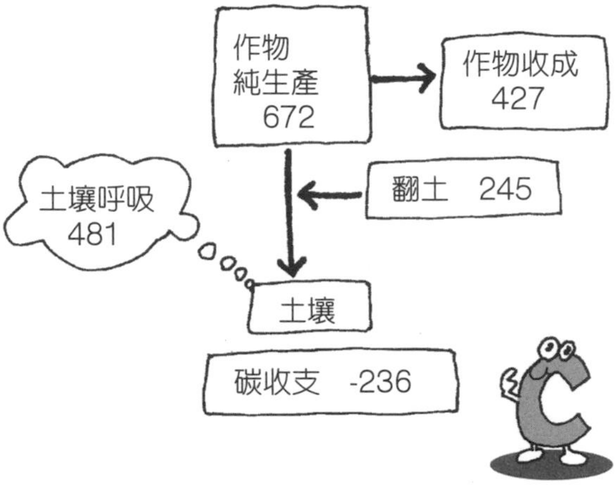
作物
純生產
672
作物收成
427
翻土　245
土壤呼吸
481
土壤
碳收支　-236

未施用有機物的旱田若一年栽培2作，
土壤中的碳便會減少236kg／10a

圖8-4　複種栽培旱田的碳收支（單位：碳kg／10a／年）
（Nakadai，1996）

水田在湛水時期能獲得有機物的供給，因此碳收支比較均衡，但是在排水期，由於有機物的分解作用旺盛，故仍須施用有機物。

○有機物的需求量

一般而言，牛糞堆肥的乾物量中，約有40％為碳；堆肥1t（含水率50％）中，約含有200kg的碳。施用此堆肥時，在水田必須施用0.5t，在菜園必須施用1.5t，在果園必須施用1t，在設施旱田必須施用2t以上，才能達到維持地力的效果。

圖8－5顯示的即是上述內容，然而這只是方法之一，在實際的栽培過程中，有機物的需求量將會因地區、作物種類、作物型態而異。

(3) 各種作物的堆肥施用量

堆肥的施用基準，是由各地指導機關依照各地區的標準所制定的。表8－1表示各種作物的堆肥施用量。

各作物施用堆肥時的重點如下。

水稻　若氮肥料過多，就會出現倒伏或米粒品質降低的情形，因此含有大量氮的雞糞及豬糞並不適合。在濕田中施用堆肥可能會造成異常還原，因此必須特別注意施用量。

蔬菜　露天種植的蔬菜，牛糞堆肥的基準為一作1t／10a。而在一年兩作的旱田中，則是施用

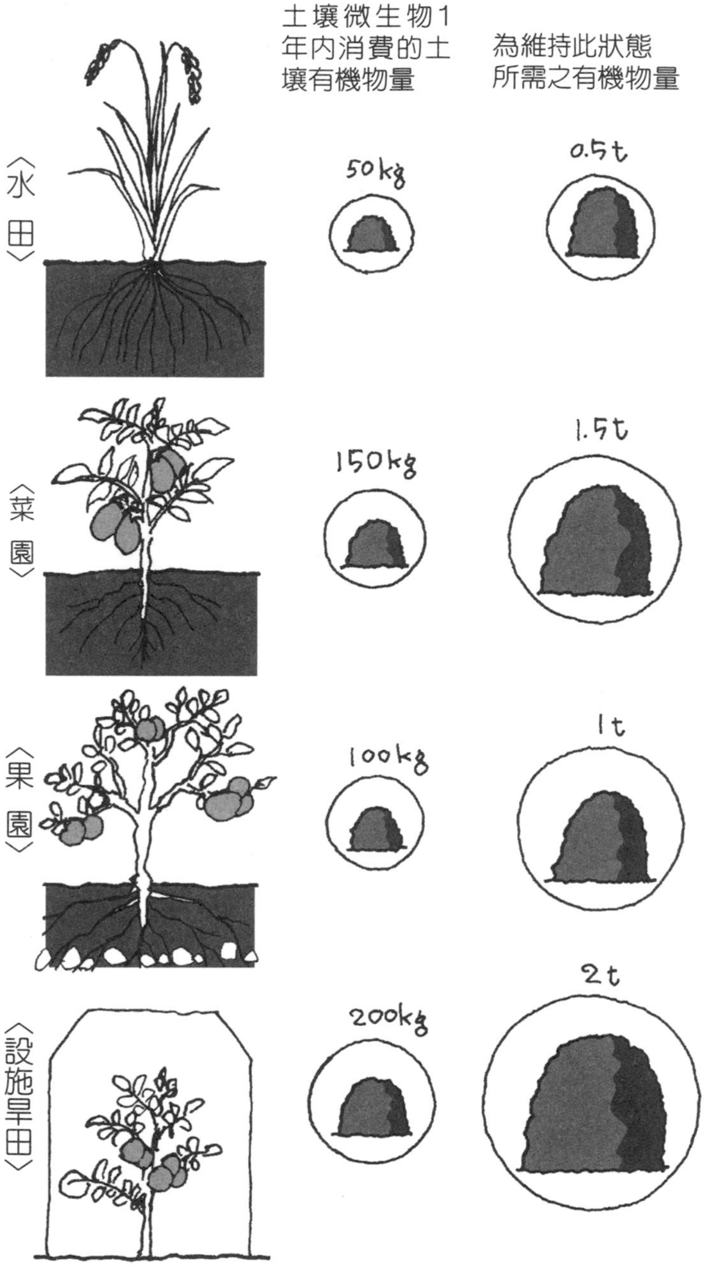
土壤微生物1
年內消費的土
壤有機物量
為維持此狀態
所需之有機物量
〈水田〉
50kg
0.5t
〈菜園〉
150kg
1.5t
〈果園〉
100kg
1t
〈設施旱田〉
200kg
2t

圖8-5　栽培作物所需之有機物粗估量

有機物量乃以牛糞堆肥（含水率50%）為例。此為概略的範例，實際所需之有機物量會隨著地區和作物而有所不同。

表8-1　各種作物的堆肥施肥基準範例　（每10a）

作物名稱		稻草堆肥	畜糞堆肥化物*		鋸屑混合畜糞堆肥**
			牛糞	豬・雞	
水稻	乾田	1t	1t	0.5t	0.5～1t
	半濕田	0.5t	0.5t	0.3t	0.5t
一般栽培	旱田	1t	1t	0.5t	1t
蔬菜	露天	1t/作	1t/作	0.5～1t	1t/作
	設施	2t/作	2t/作	1t/作	2t/作
果樹	柑橘	1～2t	1～2t	0.5～1t	1～2t
	落葉樹	1～2t	1～2t	0.5～1t	1～2t
飼料作物		1～2t	3～4t	1～3t	3～4t

*畜糞堆肥化物：以家畜糞便為主體，不含敷料以外的鋸屑者。有時會混入咖啡渣或無機質資材，以調節水分

**鋸屑混合畜糞堆肥：無關畜種，添加了佔總容量30%以上的鋸屑或木屑，以調節水分者。混入大量穀殼者亦屬於此

兩次1t，亦即一年施用2t。

設施蔬菜　由於採用集約栽培，為了測量土壤的物理性改良與保全，應施用品質良好的成熟堆肥，以一作2t／10t為基準。此外，農地的空閒期較少，應盡量避免使用不成熟的堆肥。

果樹　假使供給過多的氮成分，便會對果實的顏色和甜度造成不良影響，故不可過量施用肥料成分高的堆肥。

飼料作物　飼料作物旱田有時會施用大量的新鮮糞尿，而這會造成氮過剩堆積與養分不均衡的情形，不但使土壤環境惡化，更會影響家畜的健康，因此必須避免施用過量。

有機物量乃以牛糞堆肥（含水率50%）為例。此為概略的範例，實際所需之有機物量會隨著地區和作物而有所不同。

此外，有機物中若含有尚未分解的木質，則病原菌和害蟲可能會增加，導致紋羽病，因此必須格外留意。

3 土壤侵蝕的防範措施

(1) 階梯狀的旱田與梯田

日本的地形起伏大，四處可見利用坡地來栽培作物的情形。尤其是茶園和果園位於坡地的比例更高，容易出現土壤流失的問題。原本富含肥料成分的肥沃土壤，經常在驟雨後流失，造成極大的損失。

防止土壤侵蝕有各種不同的對策，第一就是打造階梯狀的旱田。沿著等高線建造石牆，或是透過有計畫的農地改良政策，打造階梯狀的梯田（圖8－6）。

日本的梯田經常被視為一種美麗的鄉村風景，而梯田正是階梯狀的水田，可以儲水以預防水蝕。

(2) 果園土壤的防範侵蝕措施

在果園和茶園，可沿著等高線建造石牆，防止土壤流失。尤其是柑橘園，從以前就經常可見其被種植在日照良好的地區，在石牆保護下生長。在缺乏適當石牆材料的洪積台地，可以種植畫眉草等牧草類植物，以防止水蝕。

在坡地的果園不適合採用不讓雜草生長的清耕法，如果採用讓牧草或雜草生長的草生栽培，表土便不會直接淋到雨，可幫助防止水蝕。

〈梯田〉

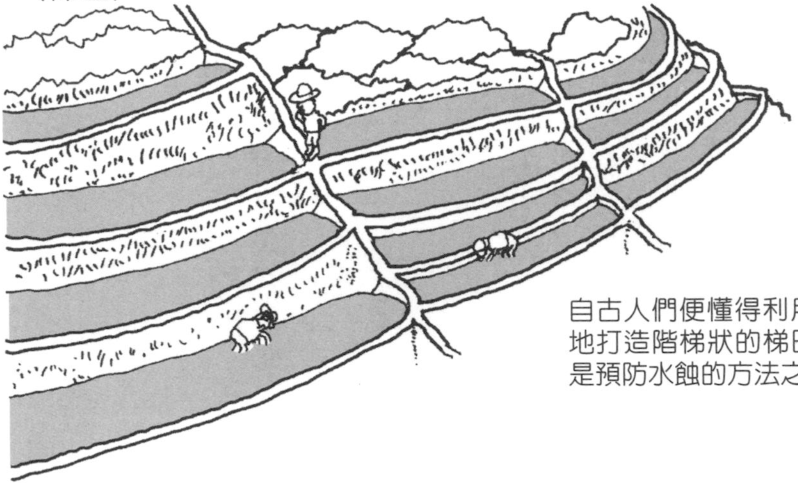
自古人們便懂得利用傾斜的坡
地打造階梯狀的梯田，而這正
是預防水蝕的方法之一

〈位於坡地上的果園〉

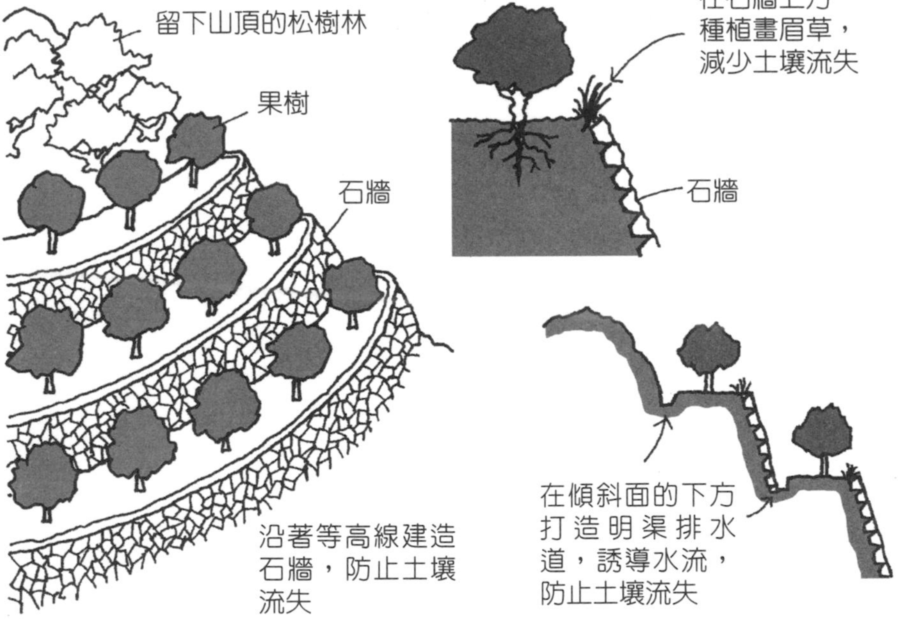
留下山頂的松樹林
果樹
石牆
沿著等高線建造
石牆，防止土壤
流失
在石牆上方
種植畫眉草，
減少土壤流失
石牆
在傾斜面的下方
打造明渠排水
道，誘導水流，
防止土壤流失

圖8-6　防止侵蝕的方法

4 耕犁

(1) 淺耕與深耕

一般農地在栽培作物之前，都會先耕犁。耕犁具有讓土壤變軟、營造適合作物根部生長環境，以及防止雜草等功能。

最常見的耕犁方法，是攪拌表土20 cm左右的淺耕（譯註：rotary）；若想耕犁得更深，則可透過鋤頭進行深耕（譯註：plough），將土壤翻轉。此外，也有部份農田採用不耕犁的不整地栽培法（圖8—7）。

(2) 耕犁的優缺點

〈耕犁的優點〉

①攪碎土壤，使土壤變軟，讓播種與工作更易進行。

②改善透氣性與透水性，讓根部容易生長。

③可讓有機物與肥料混合均勻。

④透過翻攪可減少雜草。

⑤透氣性增加後，可使微生物活性化，促進有機物分解。

〈耕犁的缺點〉

①使用大型機械碾壓，使表土下方出現犁底層。

②若過度耕犁，可能破壞團粒結構。

③由於表土變軟，一旦過於乾燥，就會遭到風蝕；若位在坡地，則容易受到降雨造成的水蝕（圖8—7）。

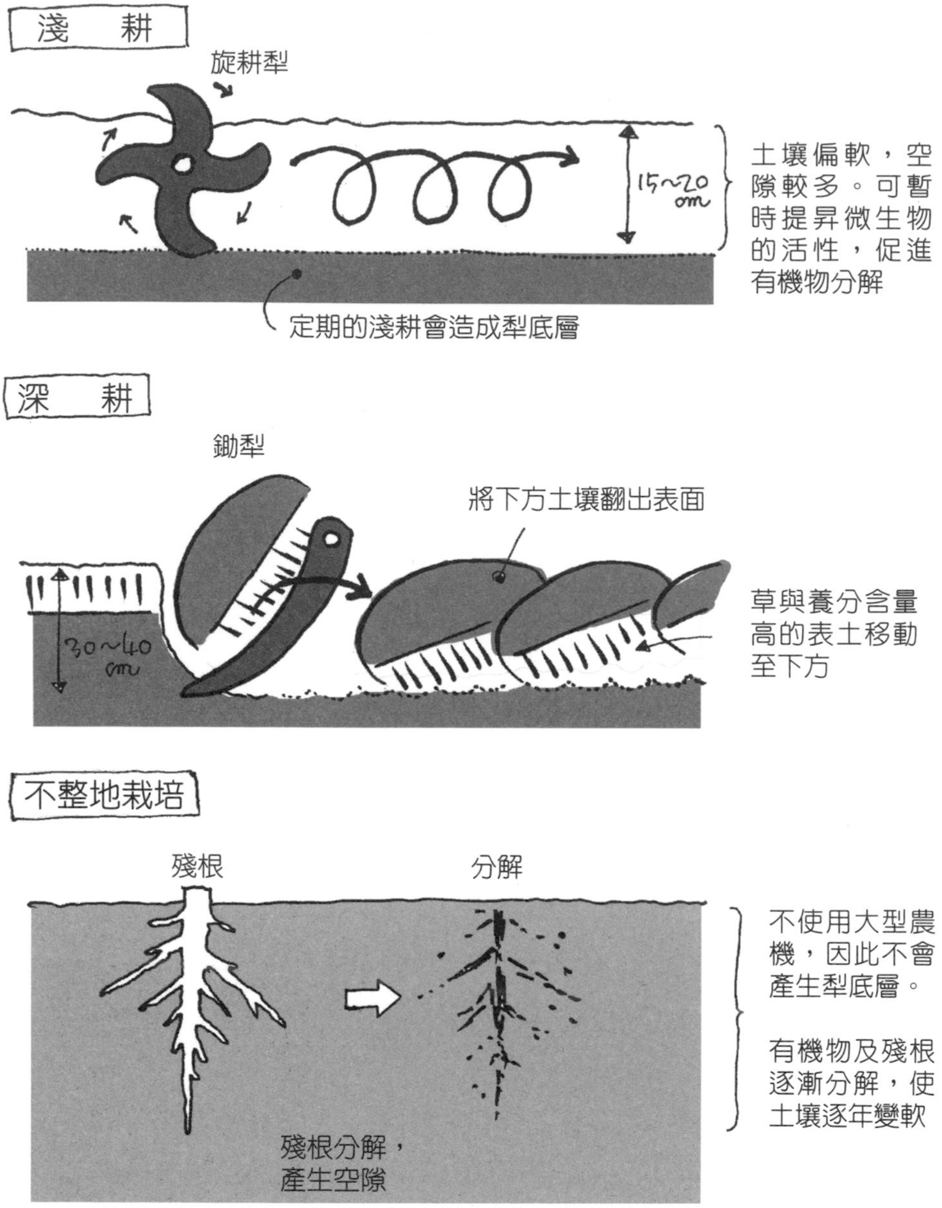
淺　耕
旋耕犁
15~20 cm
土壤偏軟，空隙較多。可暫時提昇微生物的活性，促進有機物分解
定期的淺耕會造成犁底層
深　耕
鋤犁
將下方土壤翻出表面
30~40 cm
草與養分含量高的表土移動至下方
不整地栽培
殘根
分解
不使用大型農機，因此不會產生犁底層。
有機物及殘根逐漸分解，使土壤逐年變軟
殘根分解，產生空隙

圖8-7　耕犁的影響與不整地栽培

5 不整地栽培法

(1) 不整地栽培法的優缺點

不整地栽培法是在不耕犁的情況下栽培作物的方法，雜草與作物根部分解後會造成細小的空隙，使土壤逐漸變軟。

不整地栽培法的優點包括可減輕耕犁的費用與勞力、防止大型機械造成的碾壓，以及減少土壤侵蝕的機會等等。然而能使用不整地栽培法栽培的作物有限，且容易雜草叢生。

水田的表土因為浸水而軟化，因此比較容易實施不整地栽培法，但旱田實施的難度較高，因此幾乎沒有普及。

研究顯示，在水田進行不整地栽培法，可抑制水田產生甲烷等造成地球暖化的氣體，但此效果僅能持續約五至六年，因此一般認為每五年耕犁一次為佳。

(2) 不整地栽培法可使作物的根部發達

在旱田栽培蕃茄時，蕃茄根部的分佈如圖8－8所示。在頻繁進行耕犁的旱田中，根部雖可在表土密集生長，但由於下層土壤堅硬，因此根部無法生長，細根也不發達。

相對地，不整地栽培法能使作物的根部在表土上層密集生長，愈往下方愈稀疏，但前一輪作物的有機物分解部份（根穴等）可讓部份細根發達。

6 土壤診斷的實施

雖說施用有機物對土壤有益，但假如連續施用大量的有機物，反而會使養分蓄積，對作物生長造成阻礙。因此，我們必須隨時正確掌握栽培土壤的性質，瞭解養分是否過多或不足。這時候，土壤診斷就是不可或缺的方法。

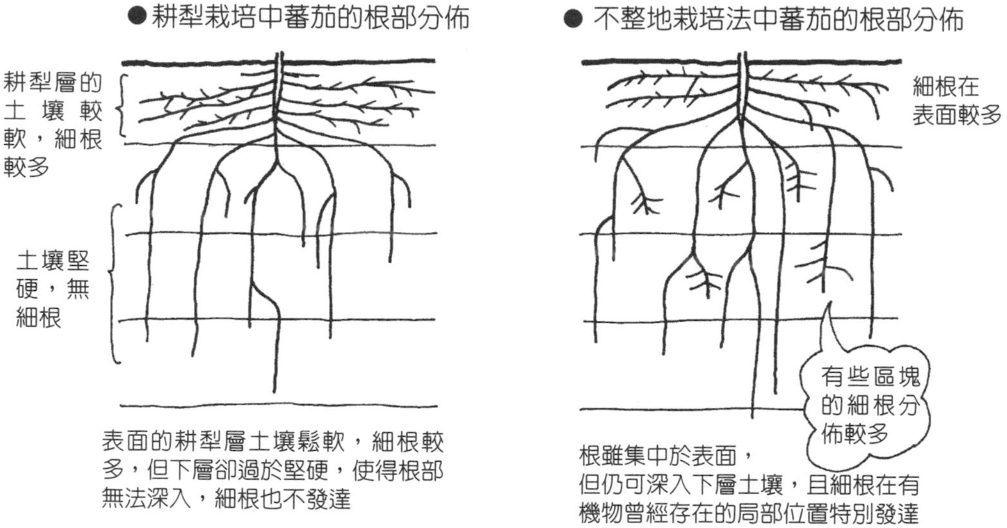

●耕犁栽培中蕃茄的根部分佈
耕犁層的土壤較軟，細根較多
土壤堅硬，無細根
表面的耕犁層土壤鬆軟，細根較多，但下層卻過於堅硬，使得根部無法深入，細根也不發達
●不整地栽培法中蕃茄的根部分佈
細根在表面較多
有些區塊的細根分佈較多
根雖集中於表面，但仍可深入下層土壤，且細根在有機物曾經存在的局部位置特別發達

圖8-8　旱田是否整地對植物根部發達有不同影響

第9章

土壤診斷

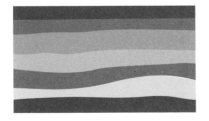

1 何謂土壤診斷

想要穩定地栽培作物，保持適切的土壤環境是第一要務。為了達到此目標，土壤診斷正是不可或缺的方法。

許多人認為土壤診斷是「分析土壤，判斷養分是否過多或不足」，但其實這只是土壤診斷的一部分，實際上的土壤診斷過程如下所示（圖9－1）。

①訪談（農地特徵、栽培概要等）
②現場觀察（土壤與作物的狀態）
③採土（配合目的採土）
④土壤分析（分析所需項目）
⑤診斷與處方（施肥對策、土壤改良對策等指示）

調查員首先會詢問農家栽培的概要、過去的狀況與農地週邊情況，以此為基礎，觀察農地現場狀況與作物的狀態，判斷需要分析的項目。接下來調查員會根據現場的判斷，分析採集的土壤，配合農地現場的調查結果做出綜合診斷，提出改善對策。

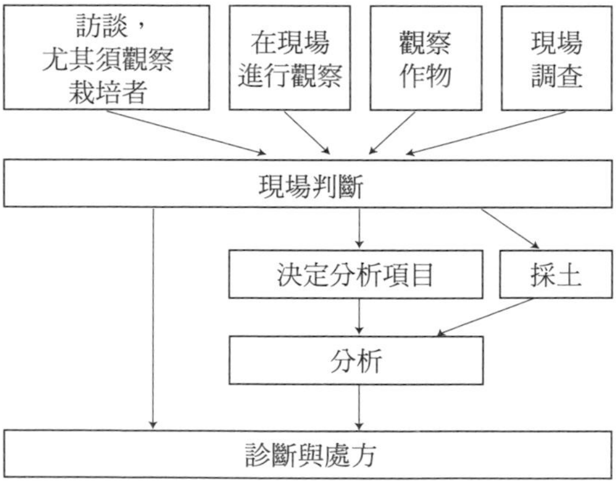

訪談，尤其須觀察栽培者
在現場進行觀察
觀察作物
現場調查
現場判斷
決定分析項目
採土
分析
診斷與處方

圖9-1　土壤診斷的流程

2 斷面調查

(1) 挖洞

在農地現場進行的土壤診斷當中，最重要的就是斷面調查；進行斷面調查時必須挖出一個60～100cm的深洞，製造出土壤斷面，再進行調查（圖9—2）。在挖洞之前，必須掌握農地的位置與傾斜度等概況，以及作物的生長條件。

挖好洞之後，再做出一面垂直的斷面，開始調查（圖9—3）。

(2) 觀察土層

表土　首先觀察表土的深度。這裡是經過耕犁，土壤變軟，根部容易伸展，作物可充分吸收氧分的部位。表土層很軟，只要用手觸摸便能輕易判斷。需要15～20cm的厚度。

犁底層　表土層的下方為底土層，此時必須確認在表土與底土之間，是否出現一層在耕犁時因為機械碾壓而形成的堅硬土層（犁底層）。

假如堅硬的犁底層過厚，根菜類便難以生長，因此必須進行深耕，以破壞犁底層。

不過，水田因為蓄水的緣故，鐵、錳等元素堆積，形成堅硬的土層，這也必須破壞。

底土層以下　根據土壤的性質，可更進一步區分層位。

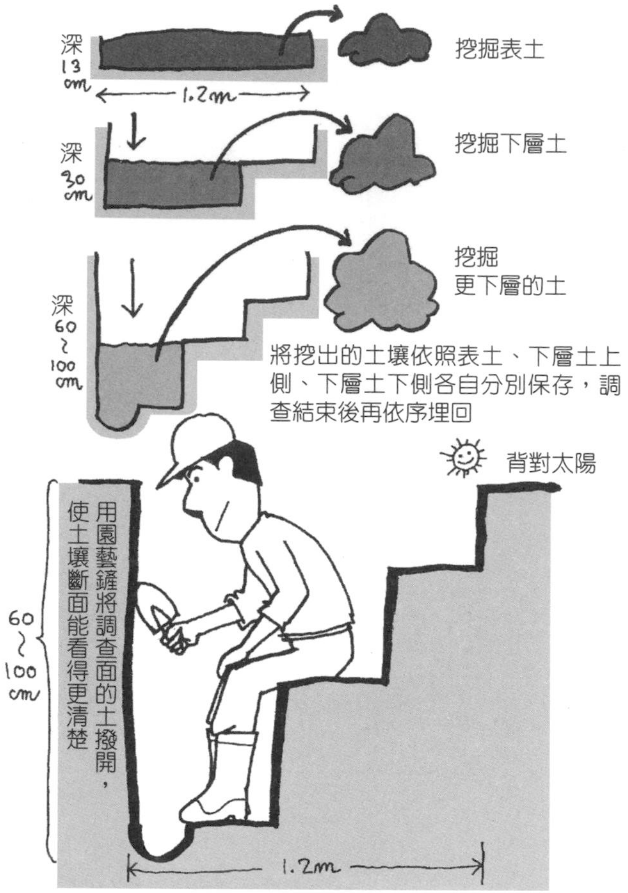
深13cm
1.2m
挖掘表土
深30cm
挖掘下層土
深60~100cm
挖掘
更下層的土
將挖出的土壤依照表土、下層土上側、下層土下側各自分別保存，調查結束後再依序埋回
背對太陽
60~100cm
用園藝鏟將調查面的土撥開，使土壤斷面能看得更清楚
1.2m

圖9-2　挖洞的方法

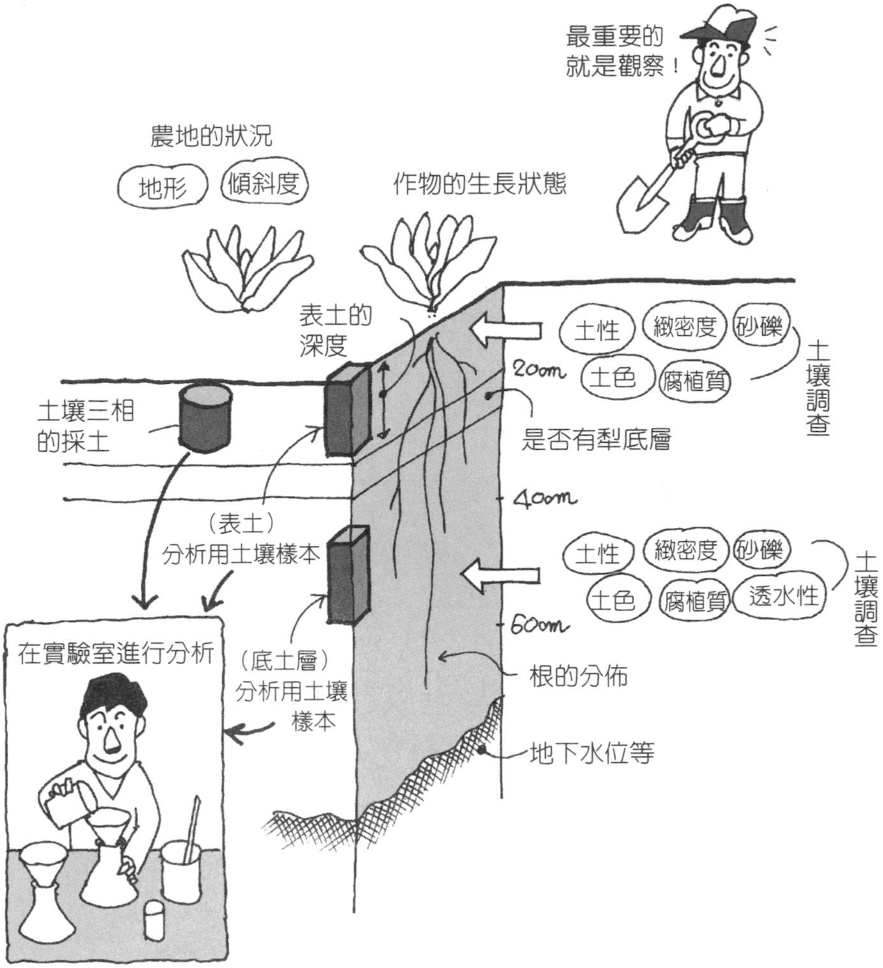
最重要的
就是觀察！
農地的狀況
地形
傾斜度
作物的生長狀態
表土的
深度
土性
緻密度
砂礫
土色
腐植質
土壤調查
20cm
土壤三相
的採土
是否有犁底層
40cm
（表土）
分析用土壤樣本
土性
緻密度
砂礫
土色
腐植質
透水性
土壤調查
60cm
在實驗室進行分析
（底土層）
分析用土壤
樣本
根的分佈
地下水位等

圖9-3　土壤現場調查項目

判斷數量。

(3) 調查土壤性質

土壤的性質，必須調查土色、土性、緻密度、腐植質以及砂礫的含量後，才能決定。

土色　受到腐植質的量與母材的影響甚巨。最精確的方法是對照土色帖，以「孟式色帖」來呈現。一般觀察的是自然狀態下的土壤，且應盡量避免表面極度乾燥的位置，以免無法正確判斷顏色。

土性　在土壤中加入少許水，以食指和拇指像是搓紙撚一般地搓揉，透過感覺來判定。黏土成份高時，土會沾黏在手上，可以變得像紙撚一樣細長（圖9－4）。

緻密度　緻密度表示土的硬度，以山中式硬度計（圖9－5）測定。山中式硬度計的末端呈圓錐狀，將此圓錐部份插入土壤，透過內部彈簧的收縮程度（以mm表示）來判定硬度。

腐植質　腐植質必須以碳量來測定才正確，但假如母材相同，則顏色愈偏黑，腐植質就愈多，因此可用顏色來判斷腐植質量。

砂礫的量　砂礫為2mm以上的岩石，可用目測

黏土與砂土比例的判斷方法	質地鬆散，幾乎只有砂的感覺	大部分（70～80%）是砂，僅感受到些許黏度	感覺砂與黏土各半	感覺大部分是黏土，只有少部分（20～30%）是砂	幾乎沒有砂的感覺，全是黏稠的黏土
透過分析之黏土	12.5%以下	12.5～25%	25～37.5%	37.5～50%	50%以上
記號	S	SL	L	CL	C
區分	砂土	砂壤土	壤土	埴壤土	埴土
簡易判定法	完全無法塑型 	無法塑型成條狀 	可塑型成鉛筆一般粗細 	可塑型成火柴棒一般粗細 	可塑型成紙撚一般細長 

圖9-4　以手感判斷土性的方法

透水性・地下水位等　透過土壤斷面可見的龜裂、土性、緻密度來判斷水是否容易流動（透水性），調查水田時則須一併調查地下水位等資料。

上述內容都必須紀錄在土壤斷面調查表（圖9—6）上。

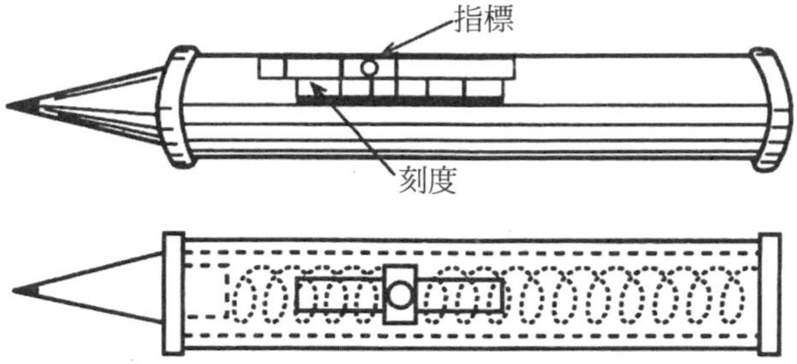

指標
刻度

圖9-5　土壤硬度計（山中式）

(4) 土壤採樣

若欲在實驗室進行分析調查，則必須採取土壤。將表土（0～15cm）與底土（15～30cm）均勻地各採取500g左右，裝進塑膠袋裡帶回。

調查土壤三相時，必須留意不能破壞現場的土壤狀態，並以100ml的圓筒採取土壤。

B旱田土壤　土壤斷面調查表

地目	普通旱田

編號	420-11	調查地點	印旛郡八街町八街		耕作人	鈴木大地	1987年11月4日調查
土壤區名	八街-1 03D27米神統	天氣	雨	調查前的天氣：陰天	地形地質（母岩）堆積樣式	非固結火成岩、風積	
傾斜	調查地點	台地上方平坦地，住家前的旱田		周邊地區	旱田地，附近有朝陽小學		
侵蝕度		主要受侵蝕時期		防止侵蝕對策			

深度 層界	土壤樣本	採土管編號	土色 濕土	腐植質·泥炭·黑泥	結核·斑紋	還原斑·潛育層	土性 國際法	砂礫	構造	孔隙	疏密	潮濕·湧水面	植物根部分布狀況	摘要
0–16	1	M2	黑褐色 7.5YR3/2	$H_{3.2}$			L	無	g_n	a1 b1	5cm－6, 9, 8, 2, 3 10cm－7, 11, 9, 8, 8 15cm－9, 10, 6, 7, 6	$W_{3.8}$	密集	中央博物館土壤標本製作場
16–20～28	2	B1006	黑褐色 7.5YR3/2	H_3			L	無	g_n	a1 b1	20cm－8, 9, 5, 6, 6 25cm－16, 19, 17, 17, 17	$W_{3.2}$	密集	
28–37	3		暗褐色 7.5YR3.5/4	H_2			L	無	Ms	a1 b1 c1	30cm－16, 17, 14, 19, 18	W_3	稀疏	即使黎明時降下了30～40mm的雨，表土以下的部分仍然相對較乾燥
37–58			褐色 7.5YR4/4	$H_{1.5}$			CL	無	Ms	a1 b1		W_3		
58–85			褐色 7.5YR4/6	H_1			CL 有些許黑色火山渣	無	BL	a1 b1 c1				
85–			褐色	H_1			CL 有許多黑色火山渣	無	BL					

備註	地形　平坦　　區劃·形狀　m x　m　長方形　防風林（㊒·無）　茶垣 用排水設施　無　　場地維護　年·完成·未完成
農作物的生長情況	落花生收穫跡象（中間分段） 生存，因此就雖然進行了深耕，仍然存在自然斷面 根據碳氮比例檢測出能在腐植質12%的土壤中 算在多腐植質的土壤（住野統）中也沒有問題
調查者	T.S. 普及所 C.F. Y.I

圖9-6　土壤斷面調查表之一例

（藤原·安西·加藤《藤原·安西·加藤《土壌診断の方法と活用》，農文協》

3 在實驗室進行的調查

(1) 土壤三相

測量100ml容器中土壤的重量，待其乾燥後再次秤重，藉此求得水分量與乾土量。用土壤的比重（真比重：一般為2.6左右）除以乾土，便能求得土壤容積。用１００減去（水分量＋土壤容積），便能算出空氣量（圖9—7）。

土壤的固體、液體、氣體三部分，分別稱為固相、液相、氣相，而理想的三相大約是固相30～40％，液相30～40％，氣相20～30％。

(2) 土壤的處理

將帶回的土壤放在陰涼處風乾後，用2mm的篩網除去砂礫，製作分析樣本。

分析項目因栽培作物而異，但原則上會分析pH值、鹽基平衡與磷酸含量等。

(3) pH與EC

將50ml的水加入10g的乾燥土壤中（1：5抽出液），使其滲透30分鐘後，用酸鹼度計（pH meter）與電導度計（EC meter）來測定。

pH值　較適合作物的pH值，一般為6左右的弱酸性，但最理想的pH值則因作物種類而異。

稻米、茶、花木等在低pH值（酸性）土壤中仍可順利生長，但菠菜、蘆筍、大麥等則比較偏好高pH值（微～弱鹼性）。

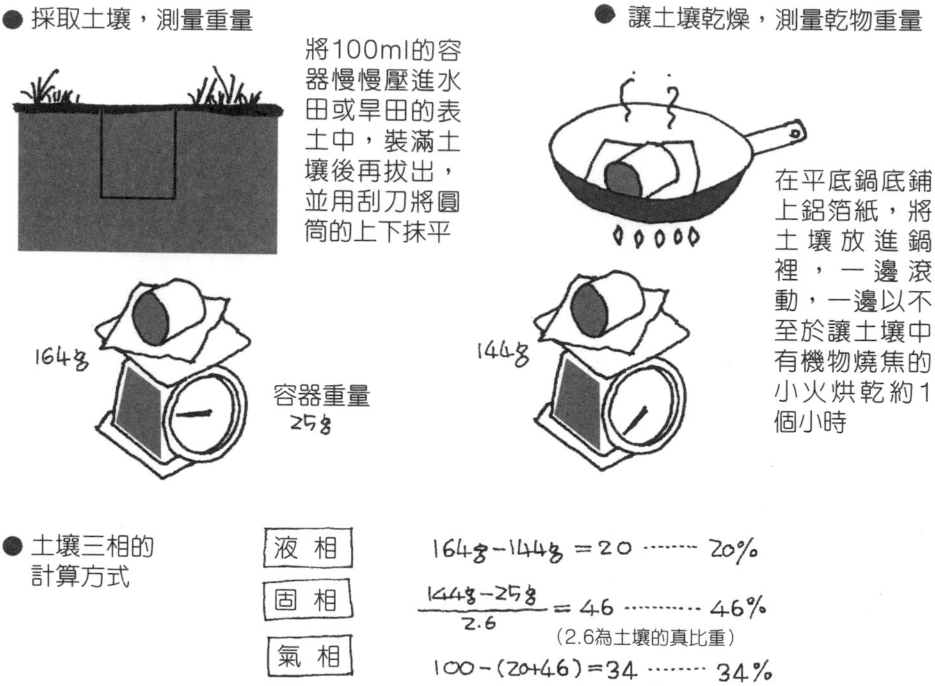
● 採取土壤，測量重量
將100ml的容器慢慢壓進水田或旱田的表土中，裝滿土壤後再拔出，並用刮刀將圓筒的上下抹平
164g
容器重量
25g
● 讓土壤乾燥，測量乾物重量
在平底鍋底鋪上鋁箔紙，將土壤放進鍋裡，一邊滾動，一邊以不至於讓土壤中有機物燒焦的小火烘乾約1個小時
144g
● 土壤三相的計算方式
液相
固相
氣相
164g－144g＝20 ……… 20%
(144g－25g)/2.6＝46 ……… 46%
(2.6為土壤的真比重)
100－(20+46)＝34 ……… 34%

圖9-7　土壤三相的求法

進行土壤改良時，讓pH值上升所需的改良資材量如表7—1（172頁）所示。

EC（電導度） EC與硝酸根離子息息相關，在調查設施土壤時絕對必須測定。EC與硝酸量的關係雖因土壤種類而異，但大抵而言，一般以Y=40X-10（X：EC，Y：硝酸態氮量）表示。

EC過高時，容易對作物的根部造成阻礙，因此在栽培之前，土壤的EC必須在0.8 dS/m以下為佳（表9—1）。

表9-1　蔬菜栽培前的建議EC

（單位：dS/m）

土壤種類	果菜類	葉菜・根莖類
腐植質黑火山灰土	0.3～0.8	0.2～0.6
沖積土	0.2～0.7	0.2～0.5
砂質土	0.1～0.4	0.1～0.3

（4）CEC與鹽基平衡

測定陽離子交換能力（CEC）與可交換性鹽基（可交換性鈣〈石灰〉、可交換性鎂〈苦土〉、可交換性鉀〈鉀〉），藉以判斷該CEC可維持多少鹽基量。

可交換性鹽基吸附CEC的比例，稱為鹽基飽和度，最理想的數值為可交換性鈣佔40～50%，可交換性鎂佔15～20%，可交換性鉀佔5～10%，總計60～80%。透過鹽基成分含量計算飽和度的方法，如表9—2所示。

這些成分的平衡關係與量同等重要，例如當鉀遠比鎂多的時候，土壤中就算充滿了鎂，作物也會缺鎂（圖9—8）。

（5）有效磷酸

有效磷酸有許多計算方法，而在土壤診斷中，一般會使用以稀釋硫酸將有效磷酸抽出的Truog法

表9-2　鹽基飽和度的計算方式

（JA全農肥料農藥部《土壤診斷的解讀與肥料計算》農文協）

〔石灰〕

石灰（CaO）原子量（mg）＝Ca（鈣）＋O（氧）＝40.08＋16.00＝56.08mg

石灰的電荷＝2（Ca^{2+}）

石灰1mg當量＝56.08÷2＝28.04mg≒28mg

石灰毫克當量（meq）＝可交換性石灰（mg/100g）÷28

石灰飽和度（％）＝石灰毫克當量（meq）÷CEC（meq）×100

〔苦土〕

苦土（MgO）原子量（mg）＝Mg（鎂）＋O（氧）＝24.31＋16.00＝40.31mg

苦土的電荷＝2（Mg^{2+}）

苦土1mg當量＝40.31÷2＝20.15mg≒20mg

苦土毫克當量（meq）＝可交換性苦土（mg/100g）÷20

苦土飽和度（％）＝苦土毫克當量（meq）÷CEC（meq）×100

〔鉀〕

鉀（K_2O）原子量（mg）＝K（鉀）×2＋O（氧）＝39.1×2＋16.00＝94.20mg

鉀的電荷＝1（K^+）

鉀1mg當量＝94.2÷2*＝47.10mg≒47mg

＊鉀以K_2O表示，其中鉀有2個，因此除以2，而非1。

鉀毫克當量（meq）＝可交換性鉀（mg/100g）÷47

鉀飽和度（％）＝鉀毫克當量（meq）÷CEC（meq）×100

$$\textbf{塩基飽和度（\%）}=\frac{〔石灰(meq)+苦土(meq)+鉀(meq)〕}{CEC\ (meq)}\times 100$$

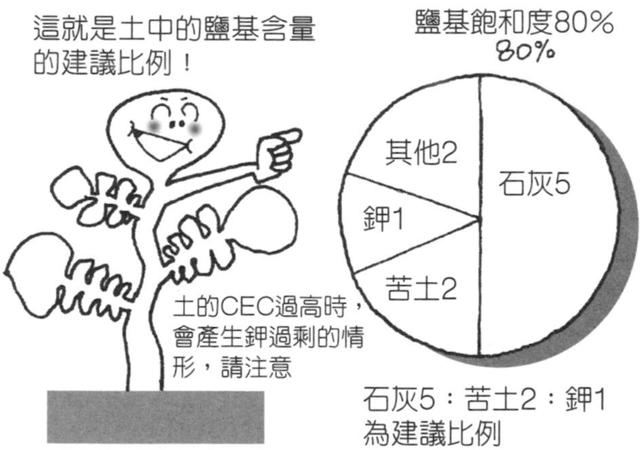

這就是土中的鹽基含量的建議比例！
鹽基飽和度80%
80%
其他2
石灰5
鉀1
苦土2
土的CEC過高時，會產生鉀過剩的情形，請注意
石灰5：苦土2：鉀1
為建議比例

圖9-8　鹽基平衡的概念

（Truog's method）。有效磷酸的理想值約為10～15mg/100g。

有時亦會在黑火山灰土的新開墾旱田測定磷酸吸收係數，以此為基礎施用磷酸資材，進行土壤改良。

以上分析結果，可透過電腦的土壤診斷程式分析出土壤問題點以及改良對策。圖9－9為一範例。

土壤診斷處方簽（以露天栽培之菠菜為例）

○○ ○○ 先生

製表日：○○年△月□日

分析號碼	00001
作物	菠菜
土壤種類	黑火山灰土

1.分析結果

分析項目	單　位	目標值	分析值	意　見
pH值		6.0～7.5	5.4	低
EC		0.2～0.6	0.05	低
磷酸吸收係數			1500	－
有效磷酸	mg/100g	10～100	8	不足
CEC	meq/100g	－	21.0	－
可交換性鉀	mg/100g	20～35	30	適切
可交換性苦土	mg/100g	30～50	36	適切
可交換性石灰	mg/100g	300～450	220	不足
鹽鐵飽合度	%	60～90	49	低
石灰苦土比		5～8	4.4	低
苦土鉀比		2～6	2.8	適切

目前貴農地土壤的狀態

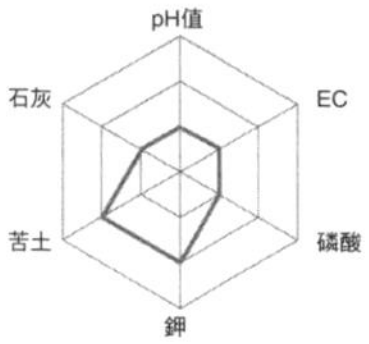
pH值
EC
磷酸
鉀
苦土
石灰

改善後貴農地預想的土壤狀態

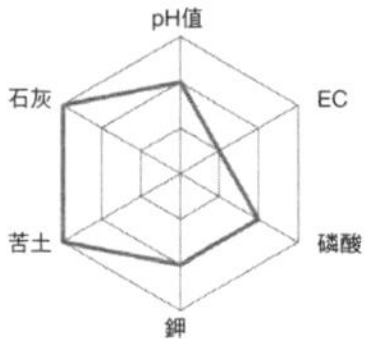
pH值
EC
磷酸
鉀
苦土
石灰

2.綜合意見

- pH值低，磷酸與石灰不足，鹽基飽和度與石灰苦土比偏低，請使用土壤改良資材。
- 請施用達到基準施肥量的基肥

3.肥料名稱與施用量

單位：kg／10a

土壤改良資材		基肥		堆肥	
熔磷	石灰	緩效性化成855（暫名）			
176	306	100			

圖9-9　處方簽範例

（JA全農肥料農藥部《土壤診斷的解讀與肥料計算》農文協）

4 簡易診斷

在實驗室分析時需要專業的設施與裝置，但在生產現場有時仍須應急。因此，坊間販售一些簡易的機器，讓每個人都能在農業現場即時診斷。

(1) pH與EC的簡易診斷

目前市面上已有可輕鬆測定pH值和EC的工具，在賣場即可買到。最簡單的方法就像圖9－10一樣，在容器上各畫一條100ml與150ml的線，放入100ml的水，再放入土壤至刻度150ml，這時水和土的比例便是2：1。蓋上蓋子搖晃幾分鐘後，再測定pH值與EC。

光靠pH值和EC也可以做出如圖9－11一般診斷。

(2) 透過比色法進行的簡易測定

在土壤抽出液中添加藥品，比較其顏色變化，測定特定的成份量。坊間已有許多公司販售診斷組合包。

比色的方法，包括讓土壤在溶液狀態中顯色，以目測的方式與色票比較的方式、將沾有藥品的濾紙放進土壤抽出液中，用色票對照其顏色變化的方式，以及不使用色票，而使用簡易的反射光度計來讀取濃度等等。

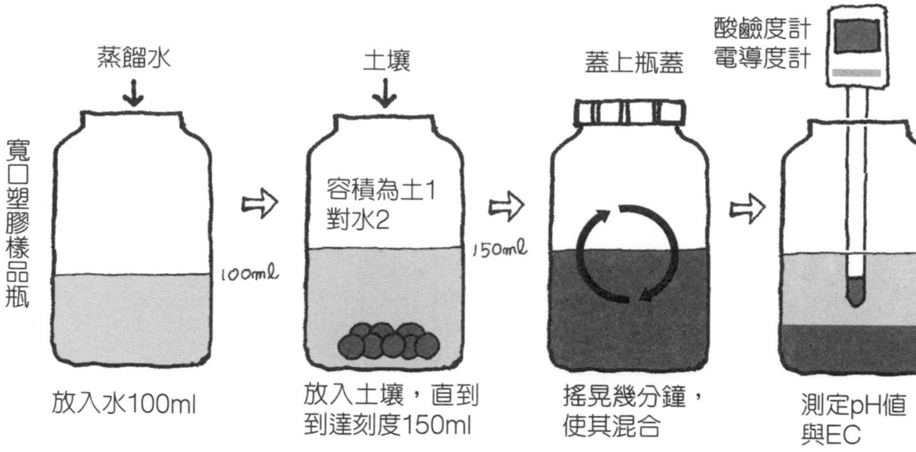
蒸餾水
土壤
蓋上瓶蓋
酸鹼度計
電導度計
寬口塑膠樣品瓶
容積為土1
對水2
100ml
150ml
放入水100ml
放入土壤，直到
到達刻度150ml
搖晃幾分鐘，
使其混合
測定pH值
與EC

圖9-10　用土壤測定pH值與EC的方法

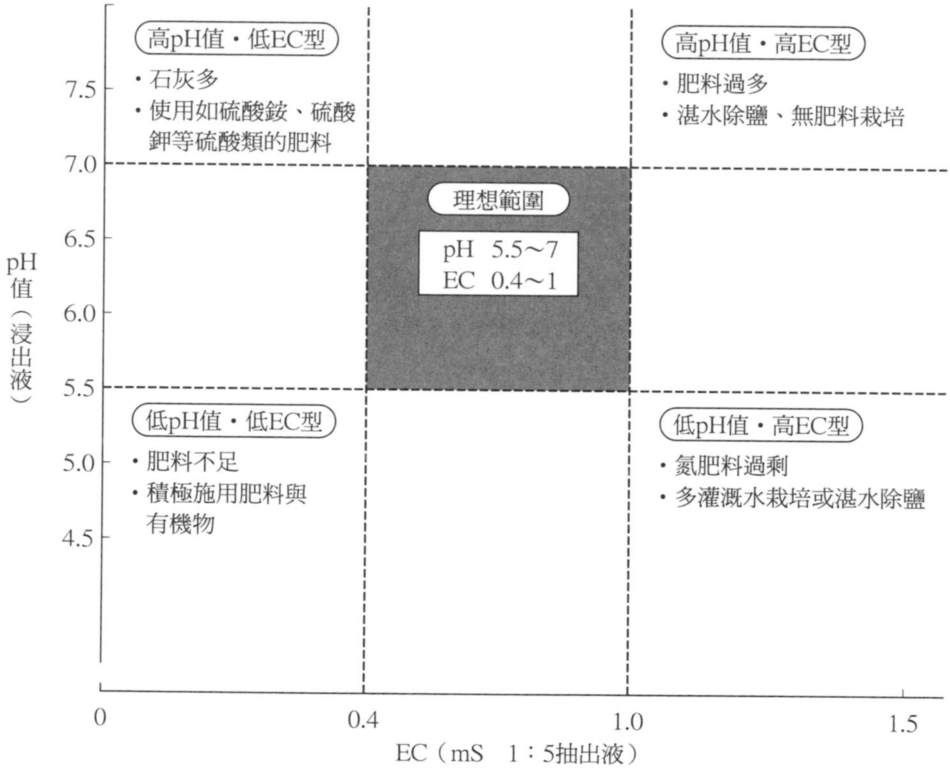
高pH值・低EC型
・石灰多
・使用如硫酸銨、硫酸鉀等硫酸類的肥料
高pH值・高EC型
・肥料過多
・湛水除鹽、無肥料栽培
理想範圍
pH 5.5～7
EC 0.4～1
低pH值・低EC型
・肥料不足
・積極施用肥料與有機物
低pH值・高EC型
・氮肥料過剩
・多灌溉水栽培或湛水除鹽
pH值（浸出液）
7.5
7.0
6.5
6.0
5.5
5.0
4.5
0
0.4
1.0
1.5
EC（mS　1：5抽出液）

圖9-11　以pH值與EC區分之設施土壤種類

EC為火山灰土壤的數值，假設沖積土壤為3/4，砂土為1/2

参考文献

前田正男・松尾嘉郎「図解　土壌の基礎知識」農文協　一九七四
西尾道徳・藤原俊六郎・菅家文左衛門「有機物をどう使いこなすか」農文協　一九八八
関矢信一郎「水田のはたらき」家の光協会　一九九二
藤原俊六郎・安西徹郎・加藤哲郎編「土壌診断の方法と活用」農文協　一九九六
西尾道徳「有機栽培の基礎知識」農文協　一九九七
岩田進午・喜田大三監修「土の環境圏」フジ・テクノシステム　一九九七
古畑哲監修「土の種類と有機物資材の効果」(社)日本下水道協会　二〇〇一
松中照夫「土壌学の基礎　生成・機能・肥沃度・環境」農文協　二〇〇三
酒井治孝「地球学入門　惑星地球と大気・海洋のシステム」東海大学出版会　二〇〇三
(独)農業環境技術研究所編「農業生態系における炭素と窒素の循環　農環研シリーズ」養賢堂　二〇〇四
木村眞人・波多野隆介編「土壌圏と地球温暖化」名古屋大学出版会　二〇〇五
小野信一「土と人のきずな　土から考える生命・くらし・歴史」新風舎　二〇〇五
(独)農業・生物系特定産業技術研究機構編著「最新　農業技術事典」農文協　二〇〇六
西尾道徳「堆肥・有機質肥料の基礎知識」農文協　二〇〇七
藤原俊六郎・安西徹郎・小川吉雄・加藤哲郎編「新版　土壌肥料用語事典　第二版」農文協　二〇一〇
粕渕辰昭「土と地球　土は地球の生命維持装置」学会出版センター　二〇一〇
久馬一剛「土の科学」ＰＨＰサイエンスワールド　二〇一〇
ＪＡ全農肥料農薬部「だれにもできる　土壌診断の読み方と肥料計算」農文協　二〇一〇
渡辺和彦・後藤逸男・小川吉雄・六本木和夫「環境・資源・健康を考えた　土と施肥の新知識」全国肥料商連合会(発売　農文協)　二〇一二
久馬一剛「土とは何だろうか？」京都大学学術出版会　二〇〇五

國家圖書館出版品預行編目資料

【超圖解】土壤的基礎知識／藤原俊六郎作；富田一郎繪；周若珍譯. -- 初版. -- 臺中市：晨星，2017.06

面；　公分. --（知的農學；4）

ISBN 978-986-443-233-2(平裝)

1. 土壤

434.2207　　106000210

知的農學 004

【超圖解】土壤的基礎知識

作者	藤原俊六郎
繪者	富田一郎
譯者	周若珍
編輯	王詠萱
封面設計	廖瑞君
美術編輯	王志峯
創辦人	陳銘民
發行所	晨星出版有限公司 407 台中市西屯區工業 30 路 1 號 1 樓 TEL：04-23595820　FAX：04-23550581 http：//star.morningstar.com.tw 行政院新聞局局版台業字第 2500 號
法律顧問	陳思成律師
初版	2017 年 6 月 20 日
再版	2024 年 4 月 1 日（六刷）
定價	新台幣 290 元
讀者服務專線	TEL：02-23672044 / 04-23595819#212 FAX：02-23635741 / 04-23595493 E-mail：service@morningstar.com.tw
晨星網路書店	http：//www.morningstar.com.tw
郵政劃撥	15060393（知己圖書股份有限公司）
印刷	上好印刷股份有限公司

◆讀者回函卡◆

以下資料或許太過繁瑣，但卻是我們了解您的唯一途徑

誠摯期待能與您在下一本書中相逢，讓我們一起從閱讀中尋找樂趣吧！

姓名：　　　　　　　　性別：□男　□女　生日：　／　／

教育程度：________________

職業：□學生　□教師　□內勤職員　□家庭主婦

□SOHO族　□企業主管　□服務業　□製造業

□醫藥護理　□軍警　□資訊業　□銷售業務

□其他 ________________

E-mail：________________

聯絡電話：________________

聯絡地址：□□□-□□ ________________

購買書名：【超圖解】土壤的基礎知識

・本書中最吸引您的是哪一篇文章或哪一段話呢? ________________

・誘使您購買此書的原因?

□於 ________ 書店尋找新知時 □看 ________ 報時瞄到 □受海報或文案吸引

□翻閱 ________ 雜誌時 □親朋好友拍胸脯保證 □ ________ 電臺DJ熱情推薦

□其他編輯萬萬想不到的過程：________

・對於本書的評分？（請填代號：1. 很滿意 2. OK啦！ 3. 尚可 4. 需改進）

封面設計 ________ 版面編排 ________ 內容 ________ 文／譯筆 ________

・美好的事物、聲音或影像都很吸引人，但究竟是怎樣的書最能吸引您呢？

□自然科學 □生命科學 □動物 □植物 □物理 □化學 □天文／宇宙

□數學 □地球科學 □醫學 □電子／科技 □機械 □建築 □心理學

□食品科學 □其他________

・您是在哪裡購買本書？(單選)

□博客來 □金石堂 □誠品書店 □晨星網路書店 □其他________

・您與眾不同的閱讀品味，也請務必與我們分享：

□哲學　□心理學　□宗教　□自然生態　□流行趨勢　□醫療保健

□財經企管　□史地　□傳記　□文學　□散文　□原住民

□小說　□親子叢書　□休閒旅遊　□其他 ________________

以上問題想必耗去您不少心力，為免這份心血白費

請務必將此回函郵寄回本社，或傳真至（04）2359-7123，感謝！

若行有餘力，也請不吝賜教，好讓我們可以出版更多更好的書！

・其他意見：

晨星出版有限公司 編輯群，感謝您！

請填妥後對折裝訂，應貼妥郵票後寄出。

郵票

407
台中市工業區 30 路 1 號
晨星出版有限公司
知的　編輯組

請沿虛線摺下裝訂，謝謝！

更方便的購書方式：

(1) 網站：http://www.morningstar.com.tw
(2) 郵政劃撥 帳號：15060393
　　戶名：知己圖書股份有限公司
　請於通信欄中註明欲購買之書名及數量
(3) 電話訂購：如為大量團購可直接撥客服專線洽詢

也可至網站上填線上回函

◎ 如需詳細書目可上網查詢或來電索取。
◎ 客服專線：02-23672044 傳真：02-23635741
◎ 客戶信箱：service@morningstar.com.tw